其实　你不需要
那么多人喜欢你

张笑恒◎编著

煤炭工业出版社
·北京·

图书在版编目（CIP）数据

其实你不需要那么多人喜欢你／张笑恒编著．－－北京：煤炭工业出版社，2016

ISBN 978－7－5020－5623－0

Ⅰ．①其…　Ⅱ．①张…　Ⅲ．①人生哲学—通俗读物　Ⅳ．①B821－49

中国版本图书馆 CIP 数据核字(2016)第 318257 号

其实你不需要那么多人喜欢你

编　　著　张笑恒
责任编辑　马明仁
特约编辑　郭浩亮　黄梦梦
出 品 人　朱文平
特约监制　徐均成
封面设计　刘红刚

出版发行　煤炭工业出版社（北京市朝阳区芍药居 35 号　100029）
电　　话　010－84657898（总编室）
010－64018321（发行部）　010－84657880（读者服务部）
电子信箱　cciph612@126.com
网　　址　www.cciph.com.cn
印　　刷　北京盛彩捷印刷有限公司
经　　销　全国新华书店

开　　本　710mm×1000mm 1/16　**印张**　16　**字数**　228 千字
版　　次　2017 年 1 月第 1 版　2017 年 1 月第 1 次印刷
社内编号　8486　**定价**　35.00 元

序言

中国人好面子在世界上是出了名的。面子本身来源于自尊心和尊严感，适度的好面子很正常。但很多人过于看重面子，结果表面上的面子给自己带来了实质上的损害。

西楚霸王项羽，血气方刚，傲视天下，被誉为“常胜将军”，但在垓下之战兵败之后，自感“无颜见江东父老”，毅然放弃苟且偷生的机会，拔剑自刎于乌江。对他来说，面子大概重于生命吧。

一点面子不要是不知廉耻，但“死要面子”往往会付出惨重的代价。现代人要面子的程度一点不亚于古人。朋友来借钱，自己没有财力，为了不让朋友瞧不起，就再去别处借钱给朋友；别人有求于自己，明明没有能力，却满口答应，生怕落下无能的印象；还有一些人刚刚有一点钱，考虑的不是孝敬父母，也不是给孩子提供好的教育环境，而是先买一辆车，威风八面；看别人都拿着苹果手机，即使没有经济能力，卖肾也不能输了面子；LV包流行的时候，很多人为了买个抓面子的包，勒紧裤腰带攒了好几年的钱。这样的事例不胜枚举。

他们看到了表面的东西给自己带来的快乐和利益，却忽视了好面子给自己带来的实际损害，甚至他们会心甘情愿地承受这种损害，因为，虚荣的快乐掩盖了损害的痛苦。

于是，很多人为了维护面子，就装聪明、装富有、装自信、装无所不能、装无所不知。太多人整天都活在别人的眼睛和嘴巴里，以致丢失自我，被面子所害。面子也成了套在很多人脖子上的枷锁，一个阻碍他们去改变命运的高山。

唯有放下面子，我们才能活得自如，才能赢得更多。不难发现，脸皮厚的人比脸皮薄的更接近成功，更容易出人头地的往往是那些脸皮厚的人。

想想那些改革开放初期致富成功的人，就是因为摘掉了虚荣的面具，才走上了成功之路。他们其中有一大部分富豪都是从“破烂王”和“臭皮匠”干起而发家致富的，敢做“破烂王”、敢做“臭皮匠”的人，就是能放下面子的人。而很多海归人士、政府官员和受过良好教育的人员，他们的知识并不是不够，可在创业时成功的概率很低，原因可能就在于他们太好面子。

不仅是事业，婚姻也是一样，我们也可能会因为面子而错失一生的幸福。找个比自己学历低的丈夫没面子；找个比自己矮的男朋友没面子；一定要找一个经济条件好的伴侣才能让人看得起……殊不知，婚姻只是为了幸福而已。

我们的面子不是穿着名牌服装，手拿iPhone，出入高档场所才显现出来的；也不因为你是否出入于大公司的门口而受影响；不在于你是否在与人抬杠时抢尽了风头；更不会因为你是好马而吃了回头草就大打折扣。懂得量力而行，少一点虚荣心，这个社会不是要你的脸，它要的是你的智慧和能力，要看你的实际成就。只有当你闯出来了，成就了一番事业，才是真正有面子，否则，没有谁会在乎你的面子、你的脸。

《其实你不需要那么多人喜欢你》从与每个人息息相关的面子问题入手，以通俗的语言和生动的故事为依托，讲述了我们生活中遇到的面子问题，并对这些问题的解决给出恰当的建议，涵盖了做人、做事、心态、家庭、社交等方方面面的内容，教你如何看待面子，以及如何真正有面子，为读者提供了现代社会有关面子的详细指南，帮助读者在为人处世、工作生活等方面有所提升！

目录

第一章 关于“面子”那些事儿

第二章 建立自我价值感，面子不是别人给的

第八章 勇于说不，别让不懂拒绝害了你

第九章 循着内心的方向努力，不做荣誉的奴隶

第十章 有真实自然之美，不借哗众取宠争面子

第一章

关于“面子”那些事儿

1. 没钱就不回家过年——混不好没面子

春节已进入倒计时，很多远在他乡的游子，已开始打点行囊，对归家翘首企盼。可是，城市里也有这样一些人，他们既盼着春节又害怕回家，既希望团聚又充满顾虑，在归与不归之间犹豫。他们害怕的不是回家，而是过年回家要准备的各种“面子”“里子”，还有亲戚朋友各种刨根问底式的盘问。

春节又到了，姚正浩又在纠结要不要回家。他盯着银行卡里的余额，这点钱连给父母买件衣服都不够，真的没脸回家。他已经三年没回家了，就在这时，家人打电话说，奶奶病重进医院了。

姚正浩立即买票回到家，但还是没能见到奶奶最后一面。这次回家，姚正浩发现家里变化很大，父母也明显比以前苍老了很多。姚正浩觉得，父母等不起了，现在奶奶也去世了。“有些遗憾，赚再多的钱也无法弥补。”姚正浩感到自己错过了太多，对家人的亏欠也很多，他表示：“跟我有一样想法的年轻人还真不少。但是，无论你混得好坏，春节一定要回家。即使不回家，也要给家里的父母多打电话，证明你还安全，还惦记家人。”

“有钱没钱，回家过年，我知道你想衣锦把乡还……”这首歌可以说唱出了很多人的心声。每逢过年，总有一些人不愿回家和家人团圆，问及原因，大都只有一个答案，那就是——去年没有赚到钱。

网上曾有一个名为《一个漂泊在外的应届毕业生写给农民工父亲的忏悔信》的帖子，原帖大概是这样的：

爸，昨天你问我存了多少钱，我说存了有八千多。你有点不高兴，说工作都大半年了，三千二一个月，怎么也得存一万五，我没敢吱声。爸，我是真的不敢说，其实我现在卡里只有五百块钱不到，房租三百块钱过几天也要交了，桌上只有几袋方便面。

爸，我对不住你，我不该撒谎。上次妈在电话里问我多少钱一个月，我随口就说了个三千二，其实，我的工资只有一千，也不是在律师事务所，而是在一家公司打杂。后来妈妈告诉我，说你觉得我三千二的工资还是低了点，说你搞建筑一天都有一百多块钱了，我这个本科生应该拿五六千。

前段时间你总问我过年回家不，我一直说不知道，得看看，春节加班的话就不回来了。其实，爸，公司春节根本就不加班，我是实在不敢回来。我算了一笔账，年底拿到工资，交了房租，春运回家的车费就要四百多，到时候，我估计连帮妈妈买件毛衣的钱都没有。爸，儿子没脸回呀！

这封信道出了很多在外工作的年轻人的心声。自己已经工作了，回去就意味着要给亲戚朋友的孩子发压岁钱。现在物价上涨，几十块钱的红包早就拿不出手了，对年轻的工薪阶层来说，压岁钱是一个不小的负担。尤其是来自农村的大学毕业生，无论是在乡亲父老还是儿时玩伴的眼中，自己已经不自觉地被他们划入精英阶层的行列，应该是富有的。可是，现在很多年轻人的月收入只有四千左右，只能在大城市里维持基本的生活需求，连给父母买一件像样的礼物的钱都没有，更谈不上给邻里亲朋准备礼物，所以，每逢春节就找借口不回家过年。

顾志远只是一个普普通通的小白领，每个月收入三四千块钱，除去房租和日常开销也基本不剩什么，有时连交电话费的钱都拿不出来。

在大城市工作的他平时节假日不能和家人一起度过，但是，春节他一定会回家。顾志远通常会早早买下返乡的火车票，临回家前买一些老家没有的东西给父母带回去，当然都不会很贵。回家后，顾志远会听父母讲他们在小区里和其他的老人打扑克如何“险胜一局”，以及买菜的时候和小商贩讨价还价省下五毛钱的“英雄事迹”，还有发现自己最近出门遛弯能比老街坊多走一圈的骄傲……在家里基本上也待不了几天，但顾志远觉得春节是中国人最重要的节日，如果自己不陪父母过的话，年迈的父母心里一定很不是滋味。父母最想要的不是看到自己多有出息，也不是自己能给他们买多少东西，只要一家人能相聚，就是父母最大的幸福。顾志远每次踏上回大城市的列车，都觉得自己是载着满满的爱走的。

回家过年，我们最怕的是亲戚朋友聚会，这个问薪资、那个问年终奖，等等。如果我们挣得少，真是难以启齿，有时候不得不撒谎，把自己的月薪调高几倍。其实，钱并不是最重要的东西，面子也是次要的，重要的是要去珍惜和家人在一起的分分秒秒。有一首歌是这么唱的：路是远了点，还是要回家过年，回到家人的身边，让温情融化所有的心酸；人是累了点，还是要回家过年，那些生命中最重要的朋友，已经许久没有见面……不要因为钱挣得少，放不下面子，就以各种理由告知父母自己不回家。殊不知，你这样做不仅使自己在外倍感寂寞和孤独，还会让满心期待你回家的家人心中不踏实。面子固然重要，但是，也没有必要让面子成为回家路上的障碍。

2.穷大学生的虚荣心——家里穷没面子

家境贫寒的学生进入大学后容易觉得自己低人一等，不敢正视别人，不敢和别人交流，更不敢和老师对话，人多的场合只能选择偷偷地逃离。为了继续学业不得不尽可能地通过勤工俭学为自己筹集学费和生活费。同学邀请自己一起出去吃饭的时候就会很矛盾：去吧，自己没有那么多钱；不去吧，又觉得不合适，也怕别人说自己“小家子气”。在这样的纠结中，不免又会为了撑面子而挥霍父母的血汗钱。

闫启涵从一个偏僻的县城考入大学，一踏进大学校门，她就意识到自己和别人是不一样的。大学第一天，闫启涵特别紧张，因为身上带的钱除了学费就只剩下借来的几百块，她甚至都不知道这些是否够交齐书本费。入学后，她做的第一件事就是寻找打工的机会。每周来回坐两个小时的车去给一个初中女孩补习数学，这样一周的生活费就有保证了。

困扰她的不仅是经济的拮据，还有她和身边同学的格格不入。其他同学都用品牌手机，有的人用的还是最新款的iPhone，而自己用的却是一部山寨手机。有的时候，听到宿舍的女友们在谈论哪个明星、哪个品牌的衣服，她就感觉到自己插不上嘴。

走在校园里，闫启涵常常低着头，她感觉自己很像一只灰秃秃的鸭子。她所能做的就是把所有的时间都排满，做家教、学习，不让自己有太多思考的时间。而唯一能让自己感到自豪的就是名列前茅的成绩。虽然成绩出众，不过她还是特别羡慕室友们的生活，可以在没课的时候去逛街，傍晚和男朋友看电影……而自己却只能在枯燥的课本和奔波的打工生活中感受身不由己的悲哀。

现在很多穷大学生游弋于酒吧、迪厅，夜夜笙歌，寻欢作乐，把大把大把的青春扔在电脑游戏里，扔在酒吧里，学着出身富裕家庭的孩子那样挥霍，拿着父母给的几千元学费却年年都有功课不及格，拿着父母挤出来的不多的生活费心安理得地花，以维持自己的面子，支持自己的虚荣心。

其实，大学生们用不着为谋求表面的虚荣而劳神，用不着因心理失衡而烦恼。我们不能选择出身，但是我们可以通过努力改变生活的状态。要赢得别人的尊重，不是靠衣服和外表，自尊自强的品格足以让别人尊重你，他日你会因自己取得的成就而让自己有面子。

来自河北农村的大学生冯涛瘦高的个头，说起话来有点腼腆。他母亲身体一直都不好，高考那年父亲又突发脑溢血，几乎花光了家里的所有积蓄，就在这时，冯涛也收到了大学的录取通知书。家里人东拼西凑，终于凑足了第一年的学费。

冯涛为了赚取上大学的生活费，去郊区的一个工地上搬砖，每天三四十度的高温下还要继续干活，渴了累了就喝点自来水，每天下来要磨破两双手套，手上也磨出了好多的水泡，每晚睡觉的时候，都感到腰酸背疼、手疼。一个和他关系要好的哥们对他说，班里有的同学知道了他做这样又苦又累还不体面的工作，在非议他，劝他不要再做了。冯涛却不认为这有什么丢人的，自己凭劳动赚钱没什么毛病。就这样坚持了一个月左右，冯涛挣到了1500元。

后来，每年的暑假和寒假，他都去工地上刷墙、刷漆、钻洞……干着与自己身份很不协调的工作。打零工的日子，非常苦非常累，尤其对一个学生来讲，更需要很大的勇气来承受。

不过，冯涛却在打零工的经历中获得了很多书本上学不到的能力和见闻。他发现人们在装修房子的时候不再像以前那样偏向整齐划一，而是更想把自己的一些想法放进去，装出自己的风格。冯涛开始利用业余时间自学装修方面的知识，在打零工的时候注意观察老员工是如何满足客户要求的，也会找机会和客户聊一聊他们的装修想法。

于是，冯涛在工作的时候就会注意客户个性化装修的需要，从而得到客户的认可。领导看到冯涛既能做好技术上的工作，又是大学生，有专业知识，所以，承诺他毕业后如果愿意留下工作就直接提拔为管理人员。

人要学会正确对待舆论，一个人生活在这个社会中，就像一滴水珠生活在海洋中一样，水珠有可能和其他同伴合为一体，也有可能在某一时刻被海浪甩出成为个体。所以，在生活中，不管你做什么事情、吃什么东西、穿什么衣服，总会有人赞同，也会有人反对。而你要做的不是一味地迎合别人，而是需要有一个自己的判断，不能被舆论左右。

我们也要理智地对待面子，尽管每个人都希望自己有面子，但是这种追求必须要与自己的能力相匹配。如果不顾自己的现实条件，过分追求外在的虚荣，势必会产生种种不正当的行为动机和种种不适当的虚荣行为，那不仅会使自己的人格变得扭曲，而且可能带来非常严重的后果。

学生时代，是人生相当关键的一个时期，应当把主要精力放在学业上，正确塑造自己的思想观念。对于那些已然虚荣心膨胀的年轻人，从现在开始，给你的虚荣心减减肥吧！

3.为拼“颜值”去整容——长得不好没面子

陆雨涵是某高校英语系的学生，她个子虽然不矮，但身上该胖的地方不胖，该瘦的地方不瘦；头发虽然浓密，但脸是典型的国字脸，颧骨很高；眼睛虽然大，但是单眼皮，鼻梁也很塌。

她很少逛街，也很少买衣服，做梦都想变成一个身材前凸后翘、皮肤白皙细腻、双眼皮大眼睛的美丽公主。为此，她愿意付出任何代价。

促使她开始关注整容的，是一次兼职卖化妆品的经历。一位顾客居然当着她的面说：“看你的样子，我就不想买你的化妆品。”闺蜜也戏谑她是“平底锅脸”，前男友一句“你的脸长得怎么这么畸形!”更是让她的自尊心碎了满地。

陆雨涵会说一口流利的英语，想做口译员。但在这个拼颜值的时代，为了能在求职时增加筹码，也为了将来赢得一份美好的爱情，她决定“豁出去”了。尽管在网上看到各种整容失败的案例，她还是冒着风险瞒着家人报名参加了某医院的免费整形活动。在短短半个月时间里，她磨骨削瘦了下巴、垫高了鼻梁、割了双眼皮、磨光了皮肤上的斑点，整个人好像脱胎换骨了。

在这个看脸的时代，越来越多的人开始追求高颜值、好形象，甚至为了找一份好工作频繁整容。心理学告诉我们，人的心理总会通过其行为表现出来。爱面子的人更在乎他人的眼光和看法，希望自己的外貌在别人眼里是最好的。这种太爱面子的心理其实恰恰反映了其内心的软弱和自卑，所以才需要通过整容来满足自己虚幻的自信心。

爱美之心人皆有之，对美的追求是人之常情，但是，追求美不等于盲目改变自己。很多去整形美容的人并非有明显的外貌缺陷，只是在虚荣心的驱使下，看周围人整形后变漂亮了，便想搭上整形美容这趟时髦车，追求更高的颜值、更完美的外貌。比如，时下流行锥子脸，不少人就通过手术改变脸型。还有人受韩剧影响，知道韩剧里的大美女，甚至男明星都是整过容的，就觉得这么多明星都整，这事儿也没那么危险。更有甚者拿着照片“模板”，希望整成和某位明星一样的眼睛或下巴。结果是整了这里，发现另外一个地方又丑了，只好在整容的道路上不停地走下去。

再加上一些整容机构为了迎合这种虚荣心大肆宣传，比如暑期是一些学生整形的高潮，有美容整形机构特意打出了“开学当校花”的宣传广告。事实上，整容本身并无可厚非，但如果你本身并没有什么缺陷，只是因为相貌平平的同学突然变成了朋友圈里的“女神”“男神”，心理不平衡而想去整容的话，还是要慎重。

乌拉赫曾被视为巴西最美女性之一，她认为自己险些丧命可能是因为过度迷恋容貌和“愚蠢的虚荣”而受到惩罚。在回顾濒死时刻时，她说：“痛苦没办法用言语来形容，就像皮肤和肌肉都被撕裂一样。这种可怕的痛苦深入骨髓中。”她发誓将利用余生警告广大女性整容手术的危险，告诉她们虚荣并不代表一切。

我们生活在一个浮躁的时代，外貌分值被空前提高。但时间久了，良好的修养、正直的人品、出色的才干、丰厚的学识会显现出更重要的价值。放下面子，让我们以更理性的态度来对待自己的外表吧——

1.美是多层次的

变美的方法也有很多种，整容并不是唯一的选择。学学化妆和服装搭配，闲暇时间多锻炼身体，同样能让自己的外在形象改观不少。

美是多层次的，它不仅包括人的眉毛、眼睛、鼻子、嘴巴等外部特征，也包括一个人的内在涵养和气质。学会提升自己的内在涵养，从心底开始自信起来，你才会变得真正美丽。

2.降低理想中的自我

一个人对自我期望过高，很容易产生自卑感，而这种感觉会加重其整容的冲动。实际上，许多人去整容，与其实际相貌的美丑并没有必然的关系，主要是因为他们对自己的外貌要求过高。如果适当降低对自己的要求，你内心的自卑感也会随之降低，那么你去整容的动力就会变小。

3.问问自己究竟应该整的是“容貌”，还是“心理”？

整形手术可以帮助我们改变一些身体上的缺陷，从而使我们能更充满信心地面对生活。但是很多人总是反反复复地进行整容，虽然他会认为自己是在“追求完美的感觉”，但是，事实上，当他把全身几乎都“修”了一遍时，就要考虑一下自己是否有心理问题了。

4.从其他方面找回自信

克服自卑的一个重要方法就是通过其他方式获得补偿。如果你对自己的相貌不满意，不要紧，把你的注意力和精力投注到你的事业和生活上，这样，对容貌的自卑就会演变成追求家庭幸福、事业成功的重要动力，而通过事业的成功、家庭的和谐，你可以帮助自己重新找回自信。

5.接受心理治疗

如果你本来就没有什么外貌上的缺陷，但是整容上瘾，并且在整容后仍旧会感到不满意，无法停止整容的行为时，你就应该意识到自己已经出现了严重的心理疾病，这时候你应该立即向心理医生求助。

有些虚荣心强的人总是觉得自己不完美，为了追求完美，不停地去整容，希望“下一个会更好”，但是“下一个仍然不够好”，结果就陷入整容的怪圈之中，不可自拔。“清水出芙蓉，天然去雕饰”，自然美才是王道。同时，如果你能够丰富自己的内在，那么两者相得益彰，会让你由内至外地散发出一种无与伦比的自然之美，这是任何整形手术都比不上的。

4.宁做低薪白领不做高薪蓝领——工作不体面没面子

有网友发帖《南门里，中年女子擦皮鞋，月入三万》，引来无数网友围观，一时间“擦鞋女月入三万，高收入堪比企业高管”的情况，让众多辛苦支撑的小白领不由感叹那些看似低收入的人们才是真正的“财主”。其实，像煎饼摊、擦鞋摊、手机贴膜摊、烤面筋摊，这些平日被大家看不上的底层工作所带来的收入有时甚至高达每月两万多元。但即便如此，很多即将找工作的大学生仍明确表示：收入再高也不会从事这样的工作，其原因则是——没面子。

不少高校毕业生觉得当工人不体面，宁做低工资“白领”，也不愿做高收入的“蓝领”。

本科毕业的白立杰大学毕业第一年没有找到合适的工作，他觉得自己一定要找坐办公室的工作。一家超市开出每个月三千元的工资待遇，但是得先当两年柜台收银员，再去干行政管理工作，这是他和家人都受不了的。“上了4年大学，花了家里五六万元钱，结果还要当工人，没脸见家人和朋友。上了大学至少应该在写字楼工作，守着电脑、传真机，怎能在生产第一线干体力活呢？”所以，白立杰一直待业在家，希望大环境好了能找到合适的工作。

像白立杰一样，因为“面子”而排斥服务业等“蓝领”工作的大学生不在少数。考上公务员，进入大型国企和考上名校研究生的大学毕业生，都是老师经常在课堂上对学生提起的对象，也是很多年轻人的理想发展道路。有调查显示，六成以上的高校毕业生把就业目标定位于国有企事业单位及大型民企，对于中小型企业及基层岗位则不愿“屈就”。

招聘会上一些企业的行政、管理类岗位应聘者如云，而营销类、操作类、服务类的基础岗位，尽管工资不低，却鲜有大学生应聘。在许多大学生看来，一说到“蓝领”，首先想到的是“干苦力”的，工作强度大、技术含量低、学历低、收入低似乎是“蓝领”的特定标签。

如果我们为了面子而“打肿脸充胖子”，就会吃很多不必要的苦头。当白领虽然工作体面，但一般收入微薄，生活方面并不像表现出来的那样体面，反而是相当拮据的。犹太人的观念则和我们的传统观念不同。他们丝毫不认为拉三轮、扛麻袋就低贱，而当老板、做经理就高贵。钱在谁的口袋都一样是钱，不会到了另一个人的口袋就变成纸。他们不会因为自己目前所从事的职业不好而感到自愧不如，也不惧怕从最底层做起，即使从事所谓的低贱职业，心态也表现得十分平和。

齐远航大学毕业后，最先应聘到一家和专业对口的装修公司工作。但这份工作，齐远航只干了一年，就辞职不干了。“就是坐在办公室，用电脑画点简单的装修图，说是个设计师，实际上更多的是业主说了算。没事时，坐在位置上，上级看你没啥事做，也没好脸色，自己干得难受。”初入社会，有一个意外发现刺痛了他。当时这家装修公司招有不少木工，这些水电工的工资是自己的三四倍。虽然这些木工文化水平并不高，但有手艺能做事。从这时开始，齐远航认识到，大学生的帽子戴着好看，但在现实生活中却需要实干，在市场上它并不比一个木匠“高贵”。

辞职后，齐远航想学一门技术，找工作时锁定机械学徒、车工等行业。

靠着这份认识，他进了一家工厂，但只做了三个月，他就又离了职，因为作为一名普工，学不了东西，工资还低。之后，齐远航就在一个小区里开了一家水果店，提供免费送货上门服务。刚开始，因为不熟悉走过很多冤枉路，体力一时跟不上，一趟下来就气喘吁吁。不过，齐远航出身农家，很快就适应了这个过程，他还专门备了个笔记本，记下路线，研究门牌号的规律，以便最快找到用户。齐远航每次去送水果都轻轻敲门，彬彬有礼。受过高等教育的他很会经营，小小水果店越做越大，没两年就开了三家店，当上了小老板，收入可观，并且还有继续开连锁店的劲头。回头看看曾经的同事，依然在原地踏步。

现在很多刚毕业的大学生，自以为受过高等教育，是高端人才，不肯从基层做起，结果“眼高手低”，几年过去了，依然没有进步。于是抱怨社会不公，行业有“潜规则”等。其实，大学生应该调整好心态，不要把自己看得高高在上，从基层做起，当自己能力得到提高的时候，工作岗位和待遇自然也会随之提高。很多将军是从士兵走过来的，历史上也有不少君王是从社会底层一步步登上巅峰的，最重要的就是，不要停下奋斗的脚步。在EMBA班里学习的学生大都是有着一定身份和地位的高级管理人员，有的还是知名企业家。从履历上看，他们几乎都是从最基层做起的。上市医药公司的事业部总经理是从销售做起的，省级大银行副行长是从点钞员提拔上来的……要知道，他们当时也都是大学生。

5.学历造假门——学历低没面子

学历是每个人就业时的敲门砖，学历越高选择的余地就越大，这使得造假学历的事情层出不穷。“伪海归”就是其中的主角之一，这些购买假学历的“伪海归”，也多拥有海外生活的经历，但并没有实质的学习或工作经历。

“我在澳大利亚挺好的，你们不用担心我……”父母以为他正在海外努力学习，可是沈南却每天沉迷于玩乐中。沈南是典型的“富二代”，家里生意做得很好，父亲经营着几家公司。由于学习成绩太差考不上大学，他被父亲送去了澳大利亚，希望他有朝一日能学成归来成为海归，自主创业，或者是被用人单位青睐。可在国外期间，沈南并没有任何求学经历，而是和几个朋友一起在中国城里混日子。沈南在中国城里养狗、玩耍、喝酒、抽烟，和朋友玩得不亦乐乎。在澳大利亚待了四年后，沈南便买了假文凭回国应付父母。

在知识更新不断加速的今天，用人单位越来越关注雇员的发展潜力和后劲，而不是当前已有的能力和知识。学历作为学习经历的一种记载凭证，反映的最多只不过是学生的现有知识水平，而难以衡量以后的发展潜力，所以，我们没有必要为了面子假造一个文凭出来。一个人能在工作中做出成绩才是真正有面子。

河北一所民办高职院校的两年制专科生李妍慧还未毕业就已被福富软件、印度INFOSYS、IBM上海等3家跨国软件公司同时看中。在本科生云集的服务外包人才实训基地，李妍慧担任基地的Club副主席。

刚刚进入大专学校学习时，李妍慧就选择了软件专业，学校没有为她们的专业开设英语课，但李妍慧从未放下过英语的学习。另外，她还参加了学校的日语培训班，自学日语。李妍慧的老师称她是“史上最牛的大专女生”，“她优势并不多，家庭条件并不优越，长得也很普通”。学院外包分院常务副院长赵志文认为，是平时异常的刻苦努力成就了李妍慧。“我最大的特点就是经得起考验，并对自己有信心。”李妍慧说，她是一个心中有目标的人，进入IBM等国际一流IT企业，一直是她的梦想。

李妍慧一直在朝着这个梦想前进。她始终把学习作为首要任务，并抓住一切机会锻炼自己。她竞选学习部副部长，组织英语角，并经常活跃在各种晚会、典礼等活动的台前幕后，大大小小的奖励、荣誉是对她成绩的最好证明。李妍慧以前没接触过软件行业，初学时起步困难。她的韧劲上来了，放弃了许多兴趣爱好，把大量的时间用在与课件、程序打交道上。一位同学说：“记得一次双休日，大家都出去玩，我因为忘了拿东西返回教室，看见她一个人抱着书在‘啃’。晚上我们回来，发现她还在看书。当时我一下子就感动了。后来，她的专业成绩上升得很快。”

由于在中学时代就打下了不错的英语功底，她初入大学即表现出了不一般的水平，学院开办了印度特色班，李妍慧顺利成为该班唯一的女生。印度特色班的主要老师是来自印度的外教，和这些外教交流最多、配合最默契的就是李妍慧。学院与IBM中国公司合作创办了服务外包人才实训基地。凭着一口流利的英语，李妍慧再次以优异的成绩在众多本科生、研究生中脱颖而出。她通过了实训基地第二期学员招募的笔试和面试，进入该基地进行为期十个月的培训。

很多真实的事例都告诉我们，一个人的成功不一定靠名牌大学，普通大学甚至高中毕业的人都能成为业内的精英。所以，成功与否与学历没有必然的关系，可以说，学历只是个门面。我们不能把拿到手中的文凭撕掉，但一定要撕掉心里的文凭，若没有真才实学，光凭一纸光鲜学历，即使一时找到好工作，也不可能走远；若真有能力，即使没有名校学历，一时找不到称心的工作，前途也不可限量。如果我们一味纠结于这个问题，而不去勇敢地直面现实，脚踏实地去努力，是有百害无一利的。

比如，一个人本科毕业之后立即进入社会参加工作，其优势是相对年轻、热情、有朝气、可塑性强，比较受职场的欢迎。工作几年之后，会觉得自己在专业知识方面有所欠缺，于是回到学校继续深造。硕士毕业之后再回到公司，就明显感觉工作上比以前更加游刃有余了。但是，这并不能说明研究生一定比本科生强，研究生学历只能证明其受过何种教育，而非真正能力的体现。而且，如果没有本科毕业后积累的工作经验，直接读研的话，大概也不会有后来的如鱼得水。

文凭是继续学习的新起点，而不是最终结果。同时具有能力和学历，才能在职场上畅通无阻。不要太在意文凭，应该透过文凭找目标。在职场上打拼，最终都无法凭借区区一纸文凭立足，还得靠学习能力和创造力。这个社会缺的不是人，而是人才，只要有能力，学历就不是问题。

6.卖肾买iPhone——不用苹果没面子

17岁高中生为了买iPad和苹果手机，瞒着父母在网上黑中介的安排下，在某医院男性泌尿科做了手术，得到了卖肾的2.2万元钱。拿到钱后，他立刻去购买了心仪的苹果产品，随后回到了安徽老家。一回家，妈妈就发现了破绽。“他带了电脑，还有苹果手机，哪有这么多钱呢？他说他把肾卖了。”发现儿子的一个肾被摘除了，母亲刘女士立即报了案，向割肾者索赔227万元。手术后，这名高中生的身体状况越来越差，检查结果为肾功能不全，经鉴定，其伤情构成重伤、三级伤残。

苹果以其独特的造型和工艺，以及流畅极致的软件系统，深受人们的追捧，满大街的人都在用。不管是学生、白领还是成功人士，几乎人手必备，甚至有人说连小学生都进入了“苹果时代”。人们之所以对“苹果”如此痴迷，甚至出现一批“果粉”，除了其产品的性能好之外，想必更重要的原因恐怕就是“面子”，觉得有了“苹果”，就体面过人；没有它，就很丢脸，在别人面前抬不起头。

最近也频频爆出为了买苹果手机而不择手段的骇人听闻事件。女孩因为男朋友买了个山寨苹果手机，就爬到楼顶哭哭啼啼要跳楼；浙江17岁少女，因为中考考上当地高中后，父母没有兑现承诺给她买苹果手机而自杀；高中辍学男生为买苹果手机，竟伙同同学诈骗，作案两百余起；更有甚者，一女孩为换一苹果手机，不惜卖身。

不知是“苹果”疯了，还是这个世界疯了，又或者是虚荣的中国民众疯了？iPhone现如今成了身份与地位的代名词，着实让人感到了些许无奈和悲哀。让人疯狂到失去理智的仅仅是“苹果”？当然不是，其实真正的罪魁祸首是虚荣心，苹果只不过是激发人们虚荣心的工具而已。

现在，很多大学生都会要求父母给自己买一部苹果手机，因为即使自己现在用的手机还不错，可是看到周围同学个个拿着“苹果”，心里也开始不平衡了，一定要让自己的QQ上也变成“iPhoneQQ在线”才行，还有些同学就算没有iPhone，也故意下个外挂把自己的QQ显示成“iPhoneQQ在线”。而且，每次同学聚会，同学们都拿着苹果手机玩儿，自己傻傻地坐在一边，还被有些同学嘲笑已经“奥特曼（落伍）”了，自然就不得不跟上身边人的步伐。

卖肾买iPhone固然过于极端，但现在大学生借高利贷买苹果手机，其实并不是什么新鲜事。作为尚未有稳定收入来源的纯粹消费者，大学生不顾自身的经济能力和未来的信誉，贷款买“苹果”，给人的感觉是与其身份不相符。他们之所以这样做，其实是虚荣心作怪，典型的为了面子。一者，大学生大多没有独立的经济收入；二者，手机的品牌并不影响大学生正常的学习和生活。况且很多大学生的家长收入都不高，如果是普通的工薪阶层的话，每月工资加起来大概有六千元左右，大学每年的学费要4000~10000元，每个月还要一千元左右的生活费，家里也要保证正常支出，再买一部四五千块钱的手机让很多家长感觉压力很大，更不用说那些务农务工的家长们了。而父母的省吃俭用往往换不来孩子的一点感恩之心，很多人还反过来埋怨父母没本事，让做父母的伤心至极。有了“苹果”，你就真的有优越感了？如果几件数码产品就能让一个人有面子，那么这个面子未免也太廉价了。

用手机来换取面子，本来就是一件不实际的事，谁也不会因为你用了苹果手机就高看你几眼。执着于“苹果”是个人的喜好，你想多花点钱买个土豪金，没有人会非议你，但别将这种个人爱好上升为所谓的“面子”。虽然身边很多人用的都是苹果手机或者笔记本，但是，这也没有盲从的必要，一两千元的智能手机多得是，四五千元的笔记本也完全能满足工作的需要，何必为了那一点点虚荣就打肿脸充胖子非要都买苹果系列的？而且，电子产品更新换代太快了，今天流行iPhone6S，明天又出iPhone7；今天大家都用iPad Air2，明天满大街都是iPad Air3。如果盲目追赶潮流，追得过来吗？其实，苹果只是众多手机品牌中的一个，当年它曾经带来革命性的变化，可至少在现在，它并不具备超越他人的科技含量，平常心待之，平常心看之，不要追随这种所谓的在人前抬得起头的虚荣。

7.没钱也得买名牌——穿得不好没面子

网上现在流行这样一句话：“高富帅”越来越富，消费能力大增；“屌丝”越来越装，有钱没钱都要买。

刘山是个90后，在外企工作的他月入不过4000多元，但他依旧不惜花8000多元买个Coach手袋穿梭在各栋大楼的电梯间里。在他的Coach袋内还有一个Prada的钱包，也刚刚花去了他5000多元，大小两个包已经花掉了刘山三个多月的工资。可是，刘山依旧觉得在同事、朋友身边，“这样才有面子”，即使为此只能吃十元一份的盒饭。

同样的年轻人还有当网站编辑的陈晨，微薄的工资并没能阻挡她要为自己添置可以傍身的奢侈品的欲望。陈晨曾经攒了三个月的钱给自己买了一个价值4000多元的手提包，“我第一次拿着那个包包走在街上的时候，瞬间觉得自己特别有自信，感觉周围的人都高看我一眼”。这样的“自信”使得陈晨对奢侈品的购买欲望变得一发不可收拾，不久前她又攒钱买了个价值2000多元的钱包，用她的话说“这样的钱包才和我的手提包相配”。每当这个时候，陈晨都可以忘记自己为了满足这份所谓的“自信心”而在之前所经历过的那些省吃俭用的日子。

她认为奢侈品对于她来说就像她所从事的职业一样，是一种高端大气上档次的表现。“和同事或者朋友聊天，一张嘴不说几句英文，不侃几句奢侈品，会让人觉得你没见过世面，特别土。当然，如果你能轻易地说出它们的名字，外加有一两个奢侈品牌包包傍身，不论是朋友聚会还是出去谈事情，都会让人觉得你很有品味，也许这就是女生的虚荣心吧。”

名牌往往拥有一种高质量、独特或者很时尚的设计，但是作为并不富裕的年轻人，一直盲目地追求名牌还不如把钱花在更有价值的领域上，提高自己的能力，努力工作，成为一个充满自信的人。那样的话，我们个人的风采会比名牌的衣服更加光彩照人。没人规定名牌就是身份的象征，只有那些过度虚荣的人才会这样认为。

李倩每个月挣两千多元钱的工资，全都用来买名牌了，有时候甚至搞得连吃饭的钱都没有，只好靠朋友接济。说起李倩对名牌的痴迷，好友韩雯无奈地说，凭自己的能力去获取无可厚非，可最让人生气的是上周四，李倩突然哭着告诉她和另外一位朋友，说自己的爸爸生病，在武汉一家医院抢救，急需手术费。这样人命关天的事情，韩雯和同学二话没说，一人就借给李倩6000元钱，让她赶紧给爸爸交住院费。之后，韩雯多次打电话，说要去看她爸爸，她不是不接电话就是说不用去。一直到昨天韩雯在一家商场门口碰到李倩，她大包小包地拎着各种衣服、手包等东西，韩雯和朋友这才知道，原来她爸爸并没有生病，她借钱只是为了能多买些名牌回家。

“在外打工，都不宽裕，借给她这6000元钱后，我回家也没有啥钱了，都想着救人要紧，哪想到她竟然连‘爸爸病危’这样的谎都能撒，真是让人寒透了心。”韩雯说。李倩这样做的原因是觉得自己出门在外打工五六年，又已经两年没有回家过年了，今年准备回去，可也不能丢了脸，所以，就想多买点新衣服新包包，这样回家走亲串友时，也才有面子，但苦于没有钱，只好问朋友借了，由于担心借不上，只好撒了谎，其实心里也很不好意思，现在钱已经花了，就想着过完年后回来打工赶紧还钱。

有那个经济实力固然可以买名牌衣服穿，而有的人没钱却一定要买名牌，那就该端正自己的态度了。名牌并不是人身份的象征，只是相对来说品质较好些而已，那些世界名牌就是抓住了人们爱慕虚荣的这个心理，才弄出了什么“绝版”“独一无二”“高品位”之类的东西出来，抓人眼球。对于我们普通人来说，根本不用刻意追求名牌，买衣服什么的应该选择适合自己风格和收入的品牌，注重衣服本身的品质和搭配才是最重要的。

一般来说，有品味的人自然有更高的追求，而单纯为了面子的人追求一般都比较短浅。比如，很多奢侈品牌的手表，它的外观造型极其简单普通，戴在手上一点也不吸引别人的眼球，却可能价值上百万，一般只有内行的人才能看出来，这款手表的设计和制作耗时长达好几年，想花钱买都要提前几年预约。这说明购买者满足的是其极致的个人追求。而为了面子的人不明玄机，就会买个光彩耀眼的大金表，还四处炫耀这表多值钱。

在穿衣打扮上，我们要有自己的风格，虽然每个人很难说拥有自己的一套美学，但应该有自己的审美品位。不要被千变万化的潮流所左右，也不要盲目追捧名牌，根据自己的身材外貌特点扬长避短，在自己所欣赏的审美基调中，加入时尚元素，融合成个人的品位和气质，体现出自己的个性来，同时又不落伍，这样的打扮才是最好的。

8.不好意思带午餐——不吃工作餐没面子

月入过万，每天出入高档写字楼和餐厅，这般“高大上”的生活让不少人羡慕不已。然而，这些白领的光鲜外表下，却有着难以言语的“痛”。因为抹不开面子，担心被同事看不起，选择不带午饭，每日花费四五十元甚至上百元吃工作午餐，这样一笔开销每月算下来让白领们很是心痛。这样的做法也让网友直呼“死要面子活受罪”。

广告业从业人员夏雨就曾为此大为苦恼。她刚入职时，手头并不宽裕，然而写字楼周边的消费水平却都挺高的，一个月下来，仅因为吃午饭就花掉了约两千元。她觉得这笔开销太大了，而且是可有可无的，完全可以省下这笔钱，把它们加入自己的进修基金中。于是，她开始自己带午餐去上班。可是没多久，她就渐渐地感觉到了身边同事异样的眼光，有的同事好几次旁敲侧击地询问她的家境，有的同事还会排斥她，不愿与她交往。在这样的情况下，夏雨没能坚持多久就放弃了带饭的想法。

对于办公室的白领来说，“午餐”是个伤脑筋的问题，其实根本不必这般“大手笔”，即便企业没有食堂，也完全可以选择自己带饭，省下这笔开销。然而有近八成的白领却表示，宁愿眼巴巴地看着荷包缩水，也不愿带饭。究其原因，除了健康和交际的因素外，绝大多数的职工都不约而同地将不带饭的原因归为：抹不开面子。俗话说：“树活一张皮，人活一张脸。”在生活中，我们都对自己的面子问题投入了极大的热情。《中国青年报》一项调查显示，93%的受访者好面子。现实生活中，很多人为了面子奔波劳碌一生，总想让别人高看自己一眼，结果留给自己一大堆烦恼。“打肿脸充胖子”是很多人的生活状态和心理需要。太爱面子，其实是一种负担，会给自己造成不必要的心理压力。

专家认为，爱面子的表现，是一种自卑的表现。拼命为“面子”而活，是造成现代人难以快乐的重要原因。过分爱面子是一种心理脆弱和自我缺失的心理呈现和外显，是想通过满足别人而得到他人的认可和肯定。要解决这个问题，一是内心要强大起来，具备正视现实的勇气及心理素质。二是要坦然面对和接受自己的不完美与不足，人无完人，允许自己做不好，允许自己做不到，允许自己能力有限，并且原谅自己的过失。只有放下面子，才能真正有面子。三是放下“别人眼中优秀的我”。大多数人都活在别人的眼光中，总是以周围人的眼光要求自己，做不喜欢的自己，做不真实的自己，做别人期待的自己，所以，生活得不仅不快乐，还很痛苦。只有放下做“别人眼中的自己”，放下做“别人期待的自己”的想法，勇敢地做自己，才能获得心灵的充实。

苏鑫每天都是一大早就起床，除了做早饭，还要准备午饭。早饭简单，用不锈钢锅熬一些白稀饭，从超市花5毛钱买两个馒头，就着泡菜和豆腐乳便解决了。午饭稍微麻烦一点，除了虾仁炒油菜，还有青椒炒肉，菜都做成两份，午饭、晚饭各一份，晚上下班后只需用微波炉热一下就成。以前，苏鑫和男朋友每天三顿都是进饭馆，两人每月仅伙食费就要支出近2000元，现在男朋友中午也是只吃5元或8元的面条或者盒饭、盖浇饭，这样下来，两人每月要节约下来1000多元。

让我们这样算一笔账，外出就餐平均下来每顿消费30元，带饭的成本以

15元计算，这样每月节省330元，每年节省3960元，这是个可观的数字。而且，餐馆的卫生让人很不放心，菜里吃出小虫、头发等杂物是很常见的事，餐具的清洁程度和是否经过消毒也要打个大大的问号。即使食材没问题，可是外面的餐馆为了提味通常都会放很多的油盐，这样不利于健康。家里做的菜少油少盐，且多以素菜为主，比较清淡，菜也都是每天到农贸市场买的新鲜蔬菜，烧菜煮饭用纯净水，用的米和油都是放心健康的。自己带的午餐内容可控，食材质量高，油脂质量好，油盐用量自己掌握；还可以纳入粗粮、豆类、薯类等外餐很难吃到的健康食材。吃工作餐的话菜肴多半油腻，搭配不合理，主食只有大米饭一种，食物品种单调，荤素失调，纤维严重不足，味道有时并不理想，食材质量也难以控制，而且套餐选择不多，口味单一。洋快餐油炸食品多，中式快餐的菜肴中同样脂肪比例偏高。某些拉面式的快餐油略少一点，但食材单调，汤里咸味重。咖啡店套餐式快餐通常鱼肉过多且份量偏大，永远也吃不到足够的蔬菜水果，会造成膳食纤维严重不足，这是各种快餐的通病。

作为女人，带饭可以表现自己能干、懂生活的一面；作为男人，带饭是炫耀媳妇的第一方式，若是自己亲自下厨所做，更是暖男气息满溢。如果味道也不差的话，或许你的同事还会点头哈腰地求你多带点饭，分得半羹以解嘴馋之苦呢。

不过专家指出，自备午餐不宜带海鲜类、鱼类，更不宜带绿叶蔬菜。米饭是最好的主食，馒头、大饼类的主食则不宜进入自带饭盒。相对绿色蔬菜来说，茄果类蔬菜不易变质，微波炉加热后也不易改变菜肴的色和香。蔬菜在烹调时炒至六七分熟就行，以防微波加热时进一步破坏它的营养成分。像西红柿炒鸡蛋、烧茄子等经典菜式都比较适合带饭。

9.坚决不回头——吃回头草没面子

周晨受不住高薪的诱惑辞职了，没想到却被骗，只好重新找工作。正在这时，之前的老板让秘书打电话说，如果没有合适的工作，欢迎他回去。周晨虽然打心眼里也想回去，但之前是自己主动离开的，好马怎么能吃回头草！

生活中像这样的事情时有发生，究其原因就是“好马不吃回头草”的观念在很多人心里已经根深蒂固了。在大多数人的潜意识里，都觉得吃回头草是没骨气的表现，是很没面子的事。的确，人不能没有骨气和傲气，但是如果因为面子而轻易放弃自己苦苦追寻的成功和幸福，可就得不偿失了。

谢非凡毕业于名牌大学，现在是一家大型数码产品公司的副总经理，他的第一份工作就是在这家公司做销售。谢非凡在自己的岗位上，凭借良好的心态和感染力，如鱼得水。他成功地为公司拿到不少订单，连续两年都是公司的最佳业务员，后来被提升为销售部主管，接着又被提拔为分公司销售部经理，后来成为总公司销售部经理。而就在事业蒸蒸日上之时，谢非凡却选择了离开。

很多人不理解，但是谢非凡却觉得，他在原来的职位上应该说已经很胜任了，在销售这行里做了太久，该掌握该知道的也都差不多了，接着干下去，并不利于个人的职业发展。于是，谢非凡去了另外一家公司，他看中了新公司的职务带来的诱惑和锻炼个人能力的机会。

一年之后，考虑到原公司的人际关系和工作环境相对不错，更适合自己，而且原东家对自己也有知遇和培养之恩，所以，谢非凡又毫不犹豫地决定回头。回到原来的公司后，除了来自上司的工作压力外，还有同事之间的人情压力。虽然压力很大，但是谢非凡并没有被束缚住手脚，而是将其转变成动力，放开手脚大干。谢非凡回任之际，刚好赶上公司合并收购、扩大规模的巨大挑战和机遇，进入高管层的谢非凡顶住各方压力，以独到的谈判技巧和英明的决策，迅速推进了业务发展，一战成名，让同事和上司都对这匹吃回头草的“好马”再生钦佩。

前程无忧网曾做过一项调查，发现40%离职的人认为，即便原公司希望他回去，也肯定不会回去了，主要原因就是觉得回去了丢人、脸上挂不住。其实，吃回头草的马儿不一定是没骨气的马，更有可能是真正知道自己需要什么、具有大智慧的好马。如果愿意，任何一匹马都可以在不同的时间“光顾”同一颗草，前提是那棵草还在那里等着这匹马。回头有草，为何不吃？

当然，吃回头草需要很大的勇气，毕竟当初离开是因为一些不得已的原因，可能是与领导、同事发生了争执，也可能是因为个人原因，但是如果今天合作愉快，何必在意当初为何离开呢？

也许你会遭到周围同事的议论，甚至嘲讽，以至于让你无法张口、消化不良。这里，奉劝你一句话：吃你的草，管他人如何议论！你只要认真诚恳地吃，填饱肚子，养肥自己就可以了，何况时间一久，别人也会忘记你是否吃过回头草，而且当你吃得身强体壮，并且对他人大有帮助时，别人还会佩服你——果然是一匹好马！

因此，做人一定要学会变通，不要被拘泥的思想所束缚，更不要太过看重面子而让自己与好机会失之交臂。也许你会一时不太适应众人看你的眼光，觉得太丢人，甚至想要再次逃离，但是，面对前途和幸福你一定要扪心自问：是面子重要，还是前途和幸福更重要？明确了这一点再去努力奋斗，等到你功成名就的时候，今日丢失的这一点小面子，到那时会以百倍千倍的形式反馈给你。如果你现在正面临着这样的问题，正在纠结是要面子还是要前途，那么奉劝你一句：好马也吃回头草！

第二章

建立自我价值感，面子不是别人给的

1.爱面子的人都活在别人的评价里

冯梦龙曾说："毁誉从来不可听，是非终究自分明。"

《一代宗师》中赵本山饰演的关东之鬼丁连山有一句名言："人活在世上，有的活成了面子，有的活成了里子，都是时事使然。"人的心境不一样，活法也不一样。有些人活着就是为了面子，为了一时的虚荣，而有些人活着是为了自己的原则和信念。

邓玥从小被家长灌输要得到别人好评的思想，所以从小时候起就要求自己当个好孩子，长大了则要求自己当个好姑娘。

一次，邓玥穿着淡绿色的裙子去上班，一个同事说："都工作了，要将自己打扮得成熟一些，这样清新的打扮，适合学生。"邓玥觉得是这样，于是第二天穿了一套黑色套裙去上班，另一个同事却说："这样打扮太老气了，好像中年人一样，应该穿得妩媚一些，这样可以体现出女人的风韵。"邓玥采纳了这位同事的建议，浓妆艳抹，以一种性感妖娆的形象出现。一个上了年纪的领导十分看不惯这样的装束，严厉地批评了她，要她立即卸掉浓妆换回正常的装束。

邓玥不禁疑惑，到底怎样穿才能符合所有人的眼光呢？她将这段经历讲给男朋友听，男朋友告诉她：“不必符合所有人的要求，你喜欢什么、适合什么就穿什么好了，就像我喜欢你，只是因为你是你，而不是因为别人评价你有多优秀。”

邓玥觉得男朋友说得对，我就是我自己，为什么要那么在乎别人的看法？后来，邓玥便渐渐试着放下以他人为准则的习惯，无论是在选择装扮这样的小事上，还是在择业这样的大事上，都会更看重自己内心的想法，而不是他人的评价。

老话说得好：“哪个背后不说人，哪个背后无人说。”被人说是一件再正常不过的事，不管评价好坏，起码是有人关注你。一个人如果没人关注、没人议论，倒是一件很悲哀的事。问题的关键在于如何正确对待他人的评价。

对他人的评价置之不理、我行我素固然不好，所谓“旁观者清，当局者迷”，别人往往能看到你所忽视的地方；但重视过度也大可不必。在现实生活中，人们往往都太在乎他人的评价，更关注他人的意见，而忽视了客观存在的事实和自己内心的认知。

其实，人应该有自我认知，知道自己的价值所在，也了解自己的短处。不要一味地被外界的评论扰乱了方向。做人做事最重要的是要有主见，要具备判断是非的能力，不能人云亦云，被别人的意见所左右，要靠自己的脚走路，用自己的脑袋思考问题。把别人的看法当作真实的存在，以他人的评价来左右和修正自己的言行，这实际上是本末倒置的。

人活一世是为了自己活，而不是为了别人活。再者，一个人永远不能满足所有人的评判标准，对待别人对你的毁谤也好，称赞也罢，要理性地去感知和接受，更不要把别人的评价当作自己的行为方向，你的价值不会因为别人的几句话就有所改变。让自己活得轻松点，别轻易被别人的评价所左右。

说到Vera Wang婚纱，相信会让不少女人都趋之若鹜。作为美国最著名的华裔设计师，王薇薇所设计的婚纱品牌就连好莱坞明星和上流社会名媛都点名选购，因此，王薇薇也有了“婚纱女王”的称号。

2012年，当婚纱女王王薇薇女士与温哥华冬奥会花样滑冰冠军伊万·莱萨切克毫不避嫌地在纽约出双入对时，“大跌眼镜”“瞠目结舌”都不足以用来形容外界的惊诧程度。她，63岁，而他，只有27岁！

这段旷世忘年恋自曝光起就一直争议不断。许多人质疑这位小男友的真正用意，怀疑他是否是奔着安逸的富足生活才与王薇薇在一起的；也有人认为王薇薇陷入这场忘年恋有失身份，况且王薇薇和小情人相差36岁，到底能走多远？质疑声此起彼伏，不过也不乏大批支持此段恋情的声音，觉得女人到了每个年龄段都有独属于那个年龄段的美，王薇薇身为著名的时装设计师，身上肯定有着浓厚的艺术家气质，这样独立前卫又有思想的女性，尽管已经到了六十多岁的年纪，还是不乏很多欣赏她的人。恋爱是来自精神层面的，两个人在一起彼此欣赏，互相心灵沟通，这样的恋情才更让人称赞。

一个女人对岁月的傲视，当然还是跟她的人生经历有关。王薇薇她长发披肩，打扮时髦，事业上风生水起，看尽人间百态。她有那个资本堂而皇之地牵着小男友的手四处亮相，别人对她的种种质疑，又能奈她何？

著名的女权主义者葛罗蒂亚·史坦能对此有另一种说法：不要总想通过嫁给一个什么样的男人来改变自己的人生，要想改变人生，最好的方式，就是让自己努力变得像“那个自己想嫁的男人”。王薇薇让我们看到了女人的另外一种可能性。

过于在乎别人的评价，就好像一个人把别人给他作的画像看得比他本人还重要，用画像来衡量自己的美丑。人生苦短，几十年转瞬即逝，开开心心过好每一天更为重要。因此，我们不必过分在乎他人的评价。我们要做的事情是把握社会发展的趋势，认清自己所处的位置，明确自己的目标，发掘自身的潜能，适时地抓住属于自己的机会，实现自己的人生价值，以积极开放的心态去体验自己的种种感受，面对外界的种种声音，接纳自己，信任自己，同时接纳他人，最终活出一个独特的自我，精彩的自我。

2.爱面子的人最怕被人看不起

萨特说：“他人即地狱。他人的目光影响我们的自由意志，左右我们的选择，很多情况下，我们会在他人的影响之下做出违背心意的选择。”

能成为一个人人尊敬、风光无限的人固然是个不错的选择，但是，成为真正的自己比得到外界的尊重更重要。

许巍出身贫寒，从小就因为贫穷而遭到他人的欺辱。工作后，他希望通过自己的努力拥有富有而体面的生活，从而得到他人的尊重。

从底层业务员到部门领导，从给别人打工到自己创业。十年的时间，让许巍成为了一个有房有车，妻贤子孝，事业家庭双丰收的成功人士，这时他也得到了梦寐以求的尊重，在外面人们都是许总长许总短的。许巍很满意现在的生活，专心打理着自己的生意。

一次他去参加儿子的毕业典礼，其中一位老师的演讲让许巍恍然大悟。“我希望你们今后的日子要永远记得：不必追求虚名，不必费尽心机去追求一个光鲜亮丽的外表，不必去追求任何对你来说毫无意义只是让其他人觉得羡慕的东西。你要追求的只有你自己，你的快乐，你的幸福，你的理想，实现自我，其他都毫无意义。”

听到这番话，许巍突然发现自己一直都在为符合外界的标准、为了让人看得起而活着，从来没有想过自己真正喜欢什么，想要什么。他询问着自己的内心：“我自己想要什么？”此时他才感到，在长时间形成的符合成功标准的思维模式下，自己内心真正的声音实在是太微弱了，但还是听得到的：他喜欢阅读历史方面的书籍。

从那以后，许巍有时间就会去读史书。他感到了从未有过的、发自内心的快乐，比别人叫他“许总”还高兴。渐渐地，许巍对历史有了一些自己的看法，他还开始试着把这些想法写成文章。

后来，许巍的高中母校联系他，希望他在百年校庆上做一次演讲。换作以前的许巍一定马上会答应，并为这个出风头的机会认真准备。但是现在，许巍淡淡地回绝了。因为他觉得做自己真正有兴趣的事就是最快乐最有意义的，而那些虚无的荣誉，他人羡慕崇拜的目光已经不重要了。

社会很现实，大家都深有体会。在权、钱方面占优势的人相对得到的追捧会更多，而无权无势则会被亲戚、朋友、社会上的人瞧不上，混得不好，没有多少人喜欢跟你靠近。但是，请不要介意那些对你不太重要的人的态度和做法，真正的朋友不会因为你的境遇而冷落你，走自己的路，让别人去说吧。继续坚持努力下去，你从真正的兴趣所在汲取的能量越多，就越能对那些轻视你的人坦然地一笑而过。

做好自己就好，不要为了面子，为了让人看得起而过度强迫自己去符合世俗对于成功的标准，那样的话，等到年老时就会发现你原来从来都没做过自己，没过过属于自己的人生。人生一世，最重要的是活出属于自己的几十年，这才是生命的意义之所在，而不是符合外界的看法，成为别人眼里的“成功人士”。

尹杰在招聘会上找到了一个深圳的工作，在大城市的日子总是不那么惬意，尹杰觉得自己顶着重重的压力过着每一天。

几年后，尹杰成为了公司里的中层领导，收入可观，而且尹杰很有才干，善于学习，晋升空间是很大的。但是，尹杰骨子里更向往恬静的山水，他对繁华的都市生活已经厌倦了。

但是他的老同学们不时询问他的近况，言语中透露出的羡慕之情，又让尹杰不想放弃这份荣耀，勉强继续过着自己不喜欢的生活，心里的负面情绪却与日俱增。终于有一天，在领导的苛责声中，积累已久的情绪全部爆发了出来，尹杰立刻提出辞职，回家就收拾东西买了火车票到云南去。

云南的山清水秀让尹杰陶醉其中，怡然自得，忘却了深圳的不悦。尹杰心想："我要留在这里，我喜欢这里。"于是，他在云南创立了一个小工作室，虽然没有之前的那份工作那么体面和让人钦羡，但是尹杰现在每天都很快乐。

相信没有人甘于平凡，更没有人愿意让人看轻，一时的不成功是因为时机未到或者努力得还不够，没关系，"胜败乃兵家常事"，自己再加把劲就好了。若被别人看不起了，也没什么大不了的，只要自己看得起自己就好，再来一次，加上几分努力和经验，一定会成功的。如果你觉得自己已经尽了最大努力却仍没有收获，那不如多反省下，是不是方向错了，或者心态、方法上出现了问题。现在得到的一切不代表未来，所以，不要泄气，相信并坚持自己喜爱的工作、理想。

同时，也别总沉迷在自己的那一点成功里，看看自己的生命，是不是真的没有了胜利的色彩？是不是好久了，你再也没有感受到那种成功的喜悦？人要不断超越自己，让自己的人生不断绽放精彩，不然别人看不起你不说，自己也会觉得自己平庸无能。

审视一下自己，有没有真正地努力做事情？有没有真的用心？有没有拼尽全力争取想要的成功？如果答案是肯定的，那么，不要太在意别人的言语或目光，笑着对自己说："我努力了，我是最成功的那一个，这是我的最高水平的成果。"尽力无悔，做到自己所能达到的最好程度已经足够了。

3.选择自己喜欢的，而不是别人喜欢的

史蒂夫·乔布斯在斯坦福大学的毕业典礼演讲中，说了一段令人振奋的话："你的时间有限，所以不要将其浪费在别人的阴影之中。不要让他人的意见淹没了你自己内心的声音。"乔布斯的话无疑是在告诉世人，找到让你热爱的工作，不要被别人的观点左右。

顾艳林一毕业就在家人的帮助下进入一家事业单位做文员，待遇很好，月收入4000左右，还有很多福利，经常发些生活用品，生活还算滋润。父母觉得一个女孩子家平平淡淡，稳稳当当的，过两年嫁人生孩子，这辈子也就万事大吉了。

但是，顾艳林自己却不喜欢这份工作，每天就是给人端茶送水，做些复印、打字一类跑腿的活。但是想想现在能找份这么好的工作也挺不容易的，就继续了下去。

就这样三年过去了，每次同学聚会她都发觉和同学的差距越来越大了。有些同学已经成为单位的骨干了，虽然一开始他们的待遇并不好，但是他们有自己的发展规划，工作中能有意识地增长才干，能得到快乐，有成就感，而自己却是年复一年地做着简单、重复、没有任何技术含量的事情，没有成

就、没有快乐、没有发展前途……

顾艳林想重拾当初自己所学的专业，做技术工作，但是家人让她好好珍惜这份稳定的工作。朋友也觉得文员能有这样的待遇相当不错了，多少人羡慕都来不及呢，工科找个高薪的工作又很难，都劝她认清现实。毕竟现在出去待遇是很低的，而且女孩子干工程也没什么优势，那些女工程师、高工都是付出了很大代价的。在这个社会，能有一份很好的保障就不错了，如果一时冲动，到时候没有回头的机会就晚了。

顾艳林前思后想，觉得再不出去闯闯，自己一辈子都这样了。就算自己愿意一辈子当文员，可谁见过三四十岁的文员？于是，她果断地决定辞职，也许之后找的工作并不如意，工资也不高，自己又没什么竞争力，甚至赶不上刚出校门的应届生。但是，自己还年轻，只要能学到真本事，学以致用，自然会有前途，重要的是自己做的是真正喜欢的事情。

选择你自己喜欢的，而不是别人喜欢的。追求梦想自然会有风险，会很辛苦。对于自己的人生应该有个具体的规划，是希望安安稳稳度过，还是追求轰轰烈烈的挑战，都由自己决定。二者没有谁对谁错，只要是自己想要的就好。

人的一生是很短暂的，尽量去做自己喜欢的事情，才是对自己的人生负责。一味满足外界“成功”“正确”的标准只会迷失自我，因为你要选择的是一种生活方式，一种人生经历，而不是一个大学专业或者职业头衔。自己喜欢的事情，不会做不是问题，只要是发自内心的喜欢，就有充足的动力去学习。

李星高考报志愿的时候父母希望他报建筑专业，以后当工程师，收入丰厚，工作体面。而且当工程师是李星爸爸一直没有实现的梦想，他希望儿子能帮他实现。完成爸爸的心愿固然是身为人子应该做的，但李星觉得人生是自己的，并且只有一次，一定要做自己想做的事情才能不留遗憾。所以，李星坚持报了英语专业。

大学毕业后，父母想让李星在自己身边找个稳定的工作，踏踏实实地工作。然而李星又一次选择了喜欢的工作——销售。做销售辛苦不说，还要被人无情地拒绝，一开始这让李星有些接受不了，但一段时间下来，他渐渐开拓出了市场，有了客户资源，打开了局面。

后来，李星凭借扎实的英语口语和出色的销售能力得到了一个美国商人的赏识，对方邀请他到自己的公司工作。不久后，李星就成为了公司里的销售骨干，很快老板又提拔他为管理人员。

现在的李星事业上风头正劲，同学聚会上大家纷纷表示羡慕他的成就。原本对儿子没有按照自己的意愿发展而心有不满的父母，看到李星取得的成就也就不再抱怨什么了。

黄西在清华演讲时曾说："真心做自己喜欢的事，倾听内心深处的声音。从失败中学习，尝试了一些东西，有了失败的感觉，才知道自己喜欢什么。看自己擅长什么，而不是看大家都在做什么。行业没有贵贱之分，选择职业也是。走的路跟别人不太一样，不一定是坏事。"

学会倾听内心世界发出的声音，是我们保持头脑清醒的有效途径。倾听内心的声音，方式有很多种，除了记日记外，我们还可以找一处安静的地方一个人散散步，或者静坐，让注意力远离世俗的喧闹，在没有任何杂念干扰的情况下，与内心进行交流。

人这一生，犹如一个远足的旅客，永远走在路上。一路上看到的风景，就是生命里收获的财富，这决定了一个人生命的广度，更决定了一个人生命的质量。如果只是根据他人的喜好标准来决定自己的人生，那这样的人生注定是浅薄的。静静聆听心灵深处的声音，它会用一种善意和真实的力量帮助我们走好脚下的每一步路。

建立自己的价值观，才能实现自己的人生价值。要知道，面子不是别人给的，它是你取得的成就和你自身的价值感。人因自信自强而让人尊重，让人敬佩。

4.人的第一天职是做好自己

这个世界上相当一部分人很在乎别人的看法，完全以别人的评价为行事准则。别人说好，就按人家的想法和意思去做；别人说不好，就会后悔自责，情绪低落。时不时为别人的看法担心、害怕、烦恼，掩饰自己来迎合他人，以至于最后不知道自己是谁。

挪威大剧作家易卜生有句名言说："人生的第一天职是什么？答案很简单：做自己。是的，做人首先要做自己。要认清自己，把握自己的命运，实现自己的人生价值，只有这样，才真正算是自己的主人。"

单慧然大学毕业后做了销售工作，一段时间后她的领导对她说："你一直没能做出业绩，让我很着急，另外我觉得你的性格不适合做销售。"单慧然想，领导经验丰富，阅人无数，他的话自然是有道理的，所以没过多久单慧然就辞职去找了一份文员的工作。一次偶遇同学，两个人聊起各自的现状，同学建议单慧然去连锁快餐店当店长，积累经营管理的经验，以后自己开家小店当老板娘。

单慧然觉得有道理，文员干不了一辈子，于是她便去应聘储备店长。但是从底层开始的锻炼让单慧然觉得好辛苦，总想放弃，每天上班就是一种煎熬。服务业不可避免地要和形形色色的客人打交道，单慧然并不是八面玲珑伶牙俐齿的人，有时觉得处理和客人的关系比干活都累。拖着身心俱疲的身体躺在床上，单慧然想：“我到底应该做什么工作才对呢？”

每个人都有自己的特点，每个人都是独一无二的奇迹，尺有所短，寸有所长。不要去从事自己不擅长的事情，也不要拿自己的优点与别人的缺点作比较，更不必要经常自叹某处总不如人，没有谁可以自称完美。

和高人相比使我们自卑，和俗人相比使我们下流，和庸人相比使我们骄傲。人最容易犯的错误就是拿自己和别人相比。外来的比较是内心动荡的来源，也容易使得大部分的人迷失自我，障蔽了自己心灵原有的氤氲馨香。做好自己，你就是成功的。

安哥拉·默克尔从小就是一个优秀的女孩子，14岁那年，她满怀信心地参加学生会主席职位的竞选，却遭到了惨败，同学们指责她缺乏亲和力和创造性，不适合担任这个职位。

安哥拉无法接受别人的批评，好几天连学校都不愿意去。她的父亲卡斯纳尔是一名知识渊博的牧师，为了使女儿能够正确地对待人生的挫折，卡斯纳尔给女儿讲述了一个自己的小故事。

隆冬的一天，卡斯纳尔忽然发现卫生间的镜子左上角有个小黑点，仔细一看，原来是一只个头很大的蚊子，他扬起手准备拍下，蚊子却抖动翅膀，飞到卫生间的墙角里去了。

卡斯纳尔觉得，这样天寒地冻的环境下，它的部落成员早就销声匿迹，它却能挑战自己的身体极限，坚强地在严酷的环境里求生，在同类都已离去的情况下，它还能乐观地活着，这无疑是值得敬重的一个生命，于是便不再去追打这只蚊子。

卡斯纳尔把自己的感受告诉了妻子，妻子则不以为然地说：“假如说卫生间并不是现在这般温暖，这只蚊子还会生存吗？这只蚊子是一只贪图温暖安逸的愚蠢蚊子！它是该死的！”说着，妻子拿起了杀虫剂，将卫生间彻底地喷了一遍，结果，那只蚊子瞬间就掉落在地上，毫无挣扎地死去，并没有悲壮之感。

卡斯纳尔对女儿说：“同样的一只蚊子，却得到两种截然不同的评价。在生活中，当遇到赞扬或者贬低的时候，那不过是他们把自己的想法强加在我们身上，并不代表我们真的就伟大或者渺小，做好自己就好，不要被他人的口舌左右！”

从那以后，安哥拉不再看重别人的评论，而是按照自己的人生理想，不断地奋斗拼搏，一步一步走向成功。首先她成了一名具有杰出贡献的物理学家，然后步入政坛，担任德国基民盟党主席，出任政府部长，最终成了德国历史上第一位女总理。她曾说：“我这一生最不能忘记的是父亲所说的那只蚊子，它帮我走过了许多人生困境。”

做玫瑰还是茉莉并不重要，做大树还是小草也不重要，重要的是你得知道，自己适合做哪一类人。外界的种种与你并无关系，你是你自己，你要做的事情就是做好你自己，这是你的第一天职。当你的心灵因为独立而可以随意地自由行走时，你就有了足够的能力和定力，按照你的理想来充实自己的人生。

印度哲学家克里希那穆提曾说：“你必须亲自去发现什么是你爱做的事，不要从适应社会的角度来选择职业，因为那将使你永远无法弄清楚自己到底爱做什么。如果你真的爱做一件事，就不会有选择的问题了。你心中有爱，让爱自己去运作，它就会带来正确的行动，因为爱是永远不会追求成就的，它也永远不会陷入模仿中。”

每个人来到这个世界上都是一个独立的个体，每个人都有自己的特色，没有必要去比较，体现自我价值就好。用太多的标准衡量自己、规范自己实际上是对自己的一种抹杀，标准越多则束缚就越多，人就容易失去本来的自我，而迷失自我是人最大的悲哀。

5.不为迎合别人抹杀自己的个性

在《人性的弱点》一书中，戴尔·卡耐基引用美国思想家爱默生的文章《自我信赖》的话说："一个人总有一天会明白，嫉妒是无用的，而模仿他人无异于自杀。因为不论好坏，人只有自己才能帮助自己，只有耕种自己的田地，才能收获自家的玉米。上天赋予你的能力是独一无二的，只有当你自己努力尝试和运用时，才知道这份能力到底是什么。"

不要为了得到更多人的支持，或者为了营造和谐的人际关系，而不去保持自己的本来面目，那样会逐渐地丧失自我，会开始盲目地追随别人，并以别人的观点来看待问题和做事情，时刻活在别人的喜好里。最终你会发现，你这一生从来没有为自己活过，也没有成为真正的自己。

夏玉雄一心一意想升官发财，可是从青春年少熬到头发斑白，却还只是个小公务员。他为此极不快乐，每次想起来就很难过。有一天下班了，他心情不好，便没有着急回家，想想自己毫无成就的一生，越发伤心，竟然在办公室里号啕大哭起来。

这让同样没有下班回家的宁文博慌了手脚。宁文博大学毕业，刚刚调到这里工作，人很热心。他见夏玉雄伤心的样子，觉得很奇怪，便问他到底为什么难过。

夏玉雄说："我怎么不难过？年轻的时候，我的上司爱好文学，我便学着做诗、写文章，想不到刚觉得有点水平了，却又换了一位爱好下围棋的上司。我赶紧研究围棋，不料上司嫌我年轻，资历浅不够老成，还是不重用我。后来换了现在这位上司，我自认文武兼备，人也老成了，谁知上司偏又喜欢青年才俊，我眼看就要退休了，一事无成，怎么不难过？"

没有自我的生活是苦不堪言又索然无味的，丧失自我更是悲哀。要想拥有美好的生活，必须独立自强，充满自信，有自己的主见，坚持自我。一个人若失去自我，就没有了做人的尊严，更谈不上获得别人的尊重。

活着应该是为了充实自己，发展自己的个性，而不是为了迎合别人的喜好。就像上面故事中的夏玉雄，为了能够升官发财，而去迎合自己的领导，可是这种行为恰恰使他失去了自己最宝贵的真我本色。而在他不断地根据不同领导的口味调整自己做人与做事的"策略"的时候，时间飞快流逝，他也真正失去了"升官发财"的机会，落得一事无成。

2014年的9月20日，索菲娅·罗兰迎来了八十大寿。索菲娅·罗兰是意大利的著名影星，她是当时知名的性感偶像，也是名满天下的演技巨星。自1950年从影以来，已拍过60多部影片，她的演技炉火纯青，曾获得1962年度奥斯卡最佳女演员奖和好几个终身成就奖。

索菲娅·罗兰出生于贫民窟，成长于二战，16岁时来到罗马，要圆演员梦。但她从一开始就听到了许多不利的意见。个子太高，臀部太宽，鼻子太长，嘴太大，下巴太小，根本不像一般的电影演员，更不像一个意大利式的演员。

制片商卡洛看中了她，带她去试了许多次镜，但摄影师们都抱怨无法把她拍得美艳动人，因为她的鼻子太长、臀部太"发达"。卡洛于是对索菲娅说，如果你真想干这一行，就得把鼻子和臀部"动一动"。索菲娅可不是个没主见的人，她断然拒绝了卡洛的要求。她说："我为什么非要长得和别人一样呢？鼻子是脸庞的中心，它赋予脸庞以性格，我就喜欢我的鼻子和脸保持它的原状。至于我的臀部，那是我的一部分，我只想保持我现在的样子。”

她决心不靠外貌而是靠自己内在的气质和精湛的演技来取胜。她也没有因为别人的议论而停下自己奋斗的脚步，最终果然以刚中柔外的个性、鲜艳夺目的野性魅力与炉火纯青的演技征服了观众，她成功了。与此同时，那些有关她的负面议论都自消自灭了，当初广受诟病的体征反倒成了美女的标准。索菲娅在20世纪行将结束时，被评为这个世纪“最美丽的女性”之一。

她在自传中这样写道：“自我开始从影起，我就出于自然的本能，知道什么样的化妆、发型、衣服和保健最适合我。我谁也不模仿。我从不去奴隶似的跟着时尚走。我只要求看上去就像我自己，非我莫属……衣服的原理亦然。”

不论好坏，都必须保持本色，这才是最重要的。好莱坞最知名的导演之一山姆·伍德曾说，在他启发一些年轻的演员时，所碰到的最头痛的问题就是他们难以保持本色。他们都想做二流的伊丽莎白·泰勒，或者是三流的格利高里·派克，却不想做一流的自己。“这一套观众已经受够了。”

成为自己，在身体与心灵中保持自我，按照适合自己的模式去生活。每一个人在这个世界上每天都是一个崭新的自我，运用你自己的天赋，因为这是别人所不能够取代的，从内心深处接受自己，喜欢自己，坦然地展示真实的自己，才能生活得快乐，才能拥有成功的人生。

6.你永远不能让所有人都满意

韩寒说过：“没人能让所有人满意，所以让自己和你中意的人满意就可以。你所判定的一切，也许就是你自己内心的投影。人生就是一个不断接纳和抛弃的过程，就是一段迎接冷眼嘲笑孤独前行的旅途。ko不了你的，也许让你更ok，没让你倒下的，也许让你更强大。我也将尽我所能，向在乎我的人创造各种东西，绝不向厌恶我的人解释这是个什么东西。”

从前有一位画家，想画出一幅人人见了都喜欢的画。经过几个月的努力。他把画好的作品拿到市场上去，在画旁放了一支笔，并附上一则说明：亲爱的朋友，如果你认为这幅画哪里有欠佳的地方，请赐教，并在画中作上标记。

晚上，画家取回画时，发现整个画面都涂满了记号，没有一笔不被指责的。画家心中十分不快，对这次尝试深感失望。

画家决定换一种方式再去试试，于是他又摹了一张同样的画拿到市场上展出。可这一次，他要求每位观赏者将其最为欣赏的地方都标上记号。结果是，一切曾被指责的部分，如今都换上了赞美的标记。

最后，画家感慨地说：“我现在终于明白了，无论自己做什么，只要一部分人满意就足够了。因为，在有些人看来是丑的东西，在另一些人的眼里则恰恰是美好的。”

即使你是世界上最好的厨师，做出的菜肴也不见得能让所有的人都喜欢，因为众口难调，偶尔就会有几个不喜欢你做的美味佳肴的顾客；假如你是开店做生意的，即使每天都宾客盈门，但你还是会发现总有顾客不喜欢自己的商品，也总有顾客空手走出自己的店面，你再努力，再用心，再委屈求全，也不可能让所有人满意。放弃自己，去迎合所有人，最后的结果就是，所有人都不满意，连你自己都会讨厌自己的，因为当初阳光自信的你，现在成了四不像，你迷失了自己。

你喜欢的别人未必喜欢，因为爱好不同；你感受到的别人未必会有同感，因为经历不同；你看到的别人未必看得明白，因为领悟不同；你认为做的对的，别人却觉得你错了，因为立场不同。别再胡思乱想了，别人的一个举动，你会不安；别人的一句话，你会想上半天。人要为自己而活，应该做自己情绪的主人，不要把快乐的钥匙交给别人，让别人主宰自己的人生，听从自己内心最真实的想法，做你想做的事情，说你想说的话，成为你想成为的人。

临近年底，韩琳琳要代表部门在年会上表演节目。她想唱一首经典歌曲*My Heart Will Go On*，这时，部门的同事各种各样的建议纷至沓来，有人建议她选择最近流行的歌曲，这样的歌曲更有活力，更时尚些；又因为韩琳琳是蒙古族，所以有人建议她跳一段蒙古舞，有民族特色，让人眼前一亮；还有人建议韩琳琳和另外一位男同事搭档说段相声……面对林林总总的建议，韩琳琳不免有些头大，经过纠结，她还是坚持了自己最初的想法。

在年会上，全公司的同事静静地听着韩琳琳的深情演唱，陶醉其中。一曲过后，大家报以热烈的掌声。回到座位上，旁边的同事对她说：“原来你唱得这么好，平时不显山不露水的，还真没看出来。”韩琳琳微微一笑，暗自庆幸当时力排众议坚持自己的决定。

过于关注外部世界而忽视了对自己内心的关注，倾听别人的演讲，传播别人的观点，朝着别人所指引的方向努力前行，却发现除了占用自己的时间、精力与情感之外，一无所获。

得体的服装、整洁的环境、统一的行为动作与表情标准，甚至外貌笑容都随着医疗技术与整容行业的发展而形成千人一面的状况。面对各种利益诱惑、心理压力、社会规则，人总是会做出让步。该坚持的放弃了，不应染指的无奈接受了，走出自己本应坚守的方寸之间，迷失在纷纭复杂的世界之中。

世间最害人的就是设定标准，并以完美主义的标准去衡量。其实那不过是放弃了自己的本真，让别人操纵自己的人生。世间的一切本来就不是完美的，更不可能取得极致的效果，改变与拒绝改变，影响与拒绝被影响，都在于自己的选择。一切的励志与进取，都是符合儒家思想要求的；所有的放下与释然，都是符合道家修为的要求，看每个人如何平衡罢了。

你的年龄、阅历，所遭受的挫败与所受到的鼓励，将决定你面对不确定时的选择与取舍。人都是要经历从做梦到从梦幻之中醒来的过程的，从满怀憧憬到被无情打击，为了让自己不至于面对难以接受的心理落差，还是要坦然面对残缺的现实，而不要让完美主义毁了你。

7.悦纳自己，哪怕“我”不够好

台湾女作家三毛说：“一个不会悦纳自己的人，是难以快乐的。”

接受自己的全部，无论优点还是缺点，无论成功还是失败，无条件地接受自己，不以自己是否为人接受，或者够不够优秀而有所改变。喜欢自己，肯定自己的价值，真正地悦纳自己，你才会感到快乐。

吴欣妍来自偏远的农村，刚迈进大学校园，强烈的自卑感便无情地打击着柔弱的她。她家里条件不好，没有更多的钱打扮自己，整日梳着再普通不过的马尾，脸上带着醒目的高原红。最令她头疼的是自己的普通话，带着很重的乡音，只要她一开口说话就会招来阵阵嘲笑，以至于想和同学交流却无法鼓起勇气，她觉得所有人都不喜欢自己，都看不起自己。

在日记中，吴欣妍写道：“自己就是一只永远也无法变成天鹅的丑小鸭。”就这样她和同学的关系越来越远，情绪也变得越来越消极，总是无缘无故地悲伤流泪或者发怒。不要说交男朋友，就连和寝室里的室友都处于很紧张的状态中，大家都觉得她很难相处。

一次心理健康课上，老师讲到：“经常处于压抑、孤独和冷漠之中，性格就会变得喜怒无常，难以自制，并且无法与他人进行正常地沟通协调，不相信任何人，最终形成孤僻的性格。”

吴欣妍顿时觉得自己正处于这样的状态中。

下课后，吴欣妍找老师说了自己的情况，希望老师能帮助自己。老师告诉她：“我想大家只是觉得你的某些发音有意思所以才笑，这种笑应该不是嘲笑，更不是看不起你。乡音是一个人的特点而不是缺陷，很多有名的小品演员不都是操着一口乡音在表演吗？比如，赵本山、郭达等，如果他们都改说纯正的普通话，那么观众对他们的喜爱可能会大打折扣。慢慢来，你从现在起每天与一位同学交谈五分钟，可以谈学习、谈兴趣、谈彼此的家庭，相信你会收到意想不到的效果。”

于是，吴欣妍开始试着与同学进行交流，但是一有发音不准的时候，她还是很紧张，觉得丢人，后来渐渐也就放弃了，继续把自己关在一个人的小空间里。

每一个人都是一个“独特的我”，无论男人还是女人，没有人是完美的，人生的许多痛苦，往往都是由于无法接纳自己。我们从来都不喜欢那些“不够好”，可是别忘了，不管我们多么不喜欢，它们都是我们与生俱来的一个部分，就像我们的手和脚。我们需要学着去接纳它们的存在，并且学会好好地与它们相处。

“只不过有人喜欢用右手干活，有人喜欢用左手，而我喜欢用脚罢了。”赵钦忠自幼失去双臂，在济南一所职业学校学习家电维修技术后，创办了“飞人”家电维修店，十年来用双脚为人们修理各种电器20多万件。靠着精湛的维修技术和热情的服务，他养活了父母，并结婚成家。2004年，赵钦忠报名参加了在银川举行的全国性摩托车表演，竟然一路从山东骑到了宁夏，成了会场里最耀眼的焦点。

“世上每个人都是被上帝咬过一口的苹果，都是有缺陷的人，有的人缺陷比较大，是因为上帝特别喜爱他的芬芳。”赵钦忠未必知道西方的这句谚语，但是他确实是这样想的，也是这样做的。

里奇·米林斯是个友善、幽默的男孩子，凡是和他打过交道的人，都会觉得他阳光开朗，自信活泼，是一个很有感染力的人，会不由自主地喜欢上他。里奇脸上有一块巨大而丑陋的胎记，紫红的胎记从他的左侧眼角一直延伸到嘴唇，好像有人在他脸上竖着划了一刀。英俊的脸由于胎记而变得狰狞吓人。

他经常参加演讲。刚开始，观众的表情总是惊讶、恐惧，都抱着怀疑的心态，但等到他讲完，人人都心悦诚服，被他无法抵挡的魅力所征服，台下掌声雷动。

一天，他最好的朋友向他提出了藏在心里的疑问："你是怎么应付那块胎记的呢？"言下之意是：你是怎么克服那块胎记带给你的尴尬和自卑的？

他说："应付？怎么会，我向来以它为荣！很小的时候，父亲就告诉我这是天使的吻痕，只有上帝偏爱的孩子才会有。小时候，父亲一有机会就给我讲这个故事，所以我对自己的好运气深信不疑。我甚至会为那些脸上没有红色'吻痕'的孩子难过。我当时以为，陌生人的惊讶是出于羡慕。于是我更加积极努力，生怕浪费上帝对我的爱。长大以后，我仍然觉得父亲当年没有骗我：正因为有了这块胎记，我才会不断奋斗，取得今天的成绩。它何尝不是天使的吻痕，幸运的标记呢？"

悦纳自己，对自己持以肯定与欣赏的态度，停止自责，停止自我批判，停止对自己进行的一切负面评价。从这一刻起，无条件地全盘接受你自己，不管是你的长相还是学识，也不管是你的出身还是工作。

接纳自己不完美的地方，从小事情上开始，经常赞美自己，经常对自己说：你做得很棒。就算某件事情做得不好，也不要过分苛责自己，给自己一点时间去改变，对自己说："下一次我会做得更好的，加油！"相信经过一段时间的自我接纳与认可之后，你的自我价值感会提升很多，会看到自己更多更好的一面，感到生活是如此的美好。

8.就算被别人否定，也要有自我肯定的能力

史上最强汽车销售员奥格斯特·冯史勒格曾说：“在真实的生命里，每桩伟业都由信心开始，并由信心跨出第一步。”

在做任何事情以前，如果能够充分肯定自我，就等于已经成功了一半。当你面对挑战时，不妨告诉自己，你就是最优秀的和最聪明的，那么结果很有可能就是另一种模样。

新学年开始时，校长把三位教师叫进办公室，对他们说：“根据过去的教学表现，你们可以说是本校最优秀的老师。因此，我们特意挑选了一百名全校最聪明的学生组成三个班让你们教。这些学生的智商比其他孩子都高，希望你们能让他们取得更好的成绩。”

三位老师都高兴地表示一定尽力。校长又叮嘱他们，对待这些孩子，要像平常一样，不要让孩子或孩子的家长知道他们是被特意挑选出来的。老师们都答应了。

另外又找来三位教师，跟他们说：“你们上学期的表现差强人意，现在把学校里最不好的三个班给你们带，不过对待这些孩子，要像平常一样，不

要让孩子或孩子的家长知道他们是全校最差的。”老师们都垂头丧气地答应了。

一年之后，被告知最优秀的三个班的学生成绩果然排在整个学区的前列，而被告知最差的三个班的学生成绩明显下滑。

这时，校长告诉了老师们真相：“这些学生并不是刻意选出的最优秀的学生，也不是最差的学生，只不过是随机抽调的最普通的学生。”同时校长又告诉了他们另一个真相，那就是，他们也不过是随机抽调的普通老师。

前三位教师都认为自己是最优秀的，并且学生又都是高智商的，因此对教学工作充满了信心，工作自然非常卖力，结果肯定是非常好了。而另外的三位教师则对自己和学生毫无信心，工作没有动力，更没有激情，成绩自然会滑坡。

周星驰曾经很不被看好，但是他没有放弃，凭借一次次的尝试，最终成为了喜剧之王；史泰龙拿着自己写的剧本去推销，刚开始几百家公司没有一家认可他，他又开始第二遍，终于被接受。我们必须敢于相信自己，肯定自己。一个连自己都不能信任的人，谁会去信任他呢？只有自己相信自己，肯定自己，别人才会认可你；而不是别人说你行，你就行，别人说你不行你就不行。

多关注自己的优点和成就，对自己有清晰的认识，甚至可以把自己的优缺点列出来，写在纸上。对着这张纸条，经常看看、想想。在从事各种活动时，想想自己的优点，并告诉自己曾经有过什么成就，这叫作“自信的蔓延效应”。这一效应对提升自信效果很好，不会因为他人的意见而否定自己。

林肯一生曾十一次竞选国会议员，失败和成功的比例是九比二，但他没有绝望，也没有沮丧，而是咬着牙挺住了。

1860年，他已经51岁了，依然没有放弃自己的梦想，经过无数次的努力演说，他终于艰难地脱颖而出，成为了共和党总统候选人。当时，他的竞争对手叫史蒂芬·道格拉斯。

在选民的强烈要求下，国会议员们决定让两位总统候选人进行一场面对面的激烈政治辩论会。在辩论会上，亚伯拉罕·林肯和史蒂芬·道格拉斯你来我往、唇枪舌战。他们的精彩表现不时赢得台下选民的一阵阵喝彩声。辩论会进行了三个多小时，沉着冷静的林肯和机智敏锐的道格拉斯难分伯仲。

这时，《纽约晚邮报》的一位记者向他俩提出了一个大胆的问题："如果让你自己投票，你会把你的选票投给谁？"听到这个提问，台上台下的人顿时全沉寂了下来，人们都盯着林肯和道格拉斯这两个几乎是势均力敌的总统候选人，等待着他们各自的回答。

静默了一分钟，史蒂芬·道格拉斯首先回答。他彬彬有礼地说："对于这个问题，我无法站在这里回答，也拒绝回答。"听罢这个回答后，林肯向前一步，微笑着充满自信地说："我会把这一票投给自己，投给亚伯拉罕·林肯，因为没有人能比我做得更好！"

林肯的回答余音未落，会场内响起了排山倒海的掌声和喝彩声。几天后，选举正式开始，选民们纷纷把选票投给了这个充满自信并且敢于肯定自己的人。

那一年，他终于当选为美利坚合众国第16任总统。

要多与自信的人接触和来往，正所谓"近朱者赤，近墨者黑"，自信的朋友会让你也变得胸怀宽广、自信满满。

保持整洁、得体的仪表，树立自信的外部形象，保持微笑，微笑会增加幸福感，进而也能增强自信心，几乎是立竿见影。举止洒脱、行为端方、助人为乐能帮助你培养发自内心的自信。同时，加强锻炼，保持健美的体形和强健的身体，对增强自信也很有帮助。

心理学的研究证实，重复对自己念叨代表信心的词语，是一种很重要的自我正面心理暗示，有利于不断提升自己的自信心。要坚持对自己说："我能行！”“我很棒！”“我能做得更好！”

一个人，谦虚是必要的，但不可过度。过分贬低自己，对自信心的培养是极为不利的。人不可有傲气，但不可无傲骨。要相信自己，就算全世界都不看好你，也要对自己充满信心，因为结果掌握在自己手里，而不是在别人的嘴里。

第三章

磨炼内心，把被损的面子变成动力

1.克服害怕当众出丑的心理

当众摔跤、叫错人名、没拉拉链……每个人或多或少都有过当众出丑的经历。同样是尴尬，有些糗事我们可以一笑而过，而对于爱面子的人来说则会因此心有余悸，甚至会出现尴尬事件不停在脑海回放，回避可能的类似情境等心理问题。

关于克服害怕当众出丑的心理，卡耐基先生最有经验："你要假设听众都欠你的钱，正要求你多宽限几天；你是神气的债主，根本不用怕他们。"其实，出丑并非都是坏事，心理学研究发现，比起无可挑剔的人，有些小缺点的人更显得真诚、可信。

叶可馨平时有点自恃清高，自尊心很强，特别爱面子，生怕出丑。又因为长得很出众，所以更加在意形象，总担心给人留下不好的印象。最近要参加岗位竞选演讲，这对她来说是一个很好的机会。但是她很苦恼，因为当大家的目光只关注她一人时，她就会紧张。本来她就对自己演讲这方面的能力不是很自信，再加上她紧张的时候会发抖，到时候被人嘲笑了多丢脸啊。

于是，叶可馨在家里反复练习，好让自己表现得更好。到演讲那天，虽然之前准备了很久，但是走上台后，面对台下黑压压的一片人，叶可馨不自觉地就心跳加速，“尊敬的领导、评委老师，下午好……”本来她对演讲稿已经很熟练了，但是评委席上的一个评委突然笑了一下，她立刻觉得评委是在嘲笑她，心里就乱了阵脚，说着说着就忘词了，站在台上走也不是，不走也不是，那种感觉就像一个人一丝不挂地处在亿万聚光灯的焦点下。最后，她胡乱地说了一些空话就结束了演讲。

回家后叶可馨觉得简直太丢人了，自己已经没有面目去面对单位里的同事了，于是第二天就交了辞职报告，离开了公司。

从本质上说，当众出丑多是社会角色错位的缘故。人有自然属性和社会属性之分，前者如打嗝之类，后者则是人在社会舞台中依据情境需要扮演不同的角色。但是，由于疏忽大意或者错误判断情境等原因，人的角色产生了错位，可能扮演了与当时情境不相匹配的社会角色，或者在该表现社会属性的场合展现了自然属性，这就出现了喜剧的效果。

爱面子的人怕出丑其实是怕失败，对于出丑的当事人来说，当时的难堪程度与别人感觉的可笑程度同样厉害，“逃不掉又死不了”。其实，当众出丑之所以让人焦虑，正是因为角色错位导致了角色扮演的失败，这可能让他在社会舞台上失去自己的位置。比如，教师在课堂上摔了一跤，那么他可能就很难树立起教师的威严。

精神分析学家阿德勒说：“所有的人都是自卑的，人类文明的进步是对自卑的超越。”战胜害怕当众出丑的心理对一个人的发展来说至关重要，克服了这种恐惧心理，必定能借助表达能力和信心的增强，使处理行政事务的技巧大为增加，从而享受到更多更好的成功和快乐。

于明美新升职当了主管，当了主管免不了要给员工开会，在员工面前讲话。于明美心里很纠结，万一自己说得不好怎么办？一旦失败，作为个人在大家面前出了丑不说，作为领导又在员工面前失去了威信。

但是工作还是要做的。于明美想了想，觉得只要自己做得好，就不会有问题。于是，她每天晚上先把第二天开会要演讲的内容对着手机演示一遍，然后查看视频里的自己，表情、举止有没有不妥的地方，声音和措辞有没有不恰当，语言风格是否合适，内容是不是简洁明确。

这样在家里练得足够好了之后，第二天开会的时候就轻松多了。经过几次这样的锻炼，于明美现在已经不需要事先练习了。她还鼓励员工给她提意见，无论是对她个人还是对工作都可以。经过一段时间的努力，于明美在员工中间很得人心，团队充满了干劲儿。

不久，领导找到于明美表扬她说："小于呀，你一个女孩子能把团队带得这么好，真是难得，你很有潜力，公司决定要好好培养你，尽快提升你。"于明美粉红的脸蛋上更增添了一份喜悦的微笑。

要多鼓励自己，尊重自己，提高自己的自信心和上进心，多进行积极的自我暗示，相信自己能行。因为通过积极暗示的机制可以有效地鼓舞自己的斗志，增加心理力量，使自己慢慢树立起自信心。

坚持当众说话，勇敢吐露见解，在公开场合要尽量主动举手发言。不管回答问题有无把握，把自己的想法说出来就行，相信在场的人都会为你鼓掌。只要敢讲，就会有进步。

相信自己，不要过多地考虑会出丑会丢人，给自己多多鼓掌。人活一世，不管能力高也好，低也好，都要活出自信，要自立自强，"真正的勇士敢于直面惨淡的人生，敢于正视淋漓的鲜血"。战胜畏惧心理，用自己的潜能，开发出属于自己的那一片沃土，靠自己的力量，实现大大小小的梦想，要相信自己是最棒的。.

2.克制，被批评也不冲动辞职

2015年6月12日，重庆晨报记者在北部新区黄山大道附近的写字楼随机调查了30位白领关于“被批评会不会冲动辞职”的问题。其中，有14位白领表示会有这样的可能；11位白领表示，如果不是人身攻击或者侮辱性质的就不会辞职，因为出来工作不容易，不会轻易放弃；还有5位表示，不确定。

其实，没有哪一个职业是完美的，再好的工作也会产生100次想要辞职的冲动。但只要平衡好自己的心态，调整好工作方法和工作技巧，坚持下去并不难。

31岁的周德兴从事设计工作，去年跳槽到现在的广告公司，担任设计总监。他以前只是普通的设计人员，在当领导方面有些力量不足。加上因为是新公司，很多东西都需要磨合，导致好几个项目都没有按时完成，所以今年的业绩完成得并不理想。这个事情令老总非常生气，开会的时候大骂了周德兴一通。

周德兴觉得总经理的批评让自己在众多的同事面前颜面无存，当即站起来把面前的文件摔在桌子上，“老子不干了！”其实说完这句话之后他就后悔了，但是话已经说出口，没有挽回的余地了。

办完辞职手续，周德兴却很迷茫，接下来要做什么？好不容易才在这里当上总监，如果重新找工作，可能又要从一般的设计员做起，自己年龄也不小了，这样太耽误时间。改行更不可能。自己开个小公司又没有足够的资金……

年底也不好找工作，周德兴索性就待在家里，看看书，跑跑步，充实精神强健身体。但是，悠闲的生活也无法给他带来悠闲的心情，毕竟自己前途未卜，对未来的忧虑不可避免地浮现在头脑中。好好的一个春节，周德兴是在抑郁中度过的。

冲动时人们会不假思索，草率鲁莽，只图一时之快而不计后果。我们耳熟能详的一句话就是“冲动是魔鬼”。一个人冲动的时候，就像手里握着一把刀，利刀往往是双刃的，即使能损敌一千，也会伤己八百，得不偿失。所以，冲动多半是有百害而无一利的。

实际上，冲动是一种最具破坏性的情绪，它给人带来的负面影响可能远远大于我们的想象。西方有一句古老的谚语：“上帝欲毁灭一个人，必先使其疯狂。”无论多么优秀的人，在冲动的时候，都难以做出正确的抉择。冲动是人类情绪中的顽疾，历史中的很多悲剧里都可以找到它的影子。要想成就一番事业，就一定要想办法战胜它。

洪梦洁一次和几个部门领导一同负责接待一个重要客户，她提前一天把要准备的一切都办理妥当了，准备第二天一早和领导们一块去接客户，但到晚上又收到领导信息说不用她去了。短信原文说：“明天不用接人，张总自己去，10点至10点半到公司，在公司等即可。”

第二天早上10点10分洪梦洁来到公司，却被领导劈头盖脸训了一顿，而且语气还很不好，责怪她来迟了。洪梦洁感到很委屈，明明是领导自己让她10点到10点半来公司的，自己按他的指示行事，怎么就错了？洪梦洁很想和领导当面理论理论，说自己没有做错，他发的信息就是这么说的，但最后还是忍住了。

回去以后，她越想越委屈，头脑一热想要辞职。但是转念一想，如果自己因为这点小事就承受不了选择辞职，那以后还会有多大的成就？

于是，洪梦洁放弃了这一想法，并仔细分析了这件事，吸取教训。在之后的工作中，她更加追求严谨妥帖，即使已经做得很好了，也会想能不能更好。

由于在工作上的孜孜以求，领导很欣赏洪梦洁，主动提出给她升职。

人人生而有情绪，就算是刚出生的婴儿也不例外。婴儿在肚子饿的时候就嚎啕大哭，这是婴儿的情绪表现。而作为一个成年人，我们的情绪会更加复杂，更加多元化，所以我们更应该学会克制自己的情绪。

冲动情绪往往是由于对事物及其利弊关系缺乏周密思考引起的。在遇到与自己的主观意向发生冲突的事情时，养成“三思而后行”的习惯，先冷静想一想，不匆促行事，也就冲动不起来了。

冲动劲儿上来的时候，要迅速调动理智控制自己的情绪，强迫自己冷静下来，迅速分析事情的前因后果，再采取表达情绪或消除冲动的“缓兵之计”，尽量使自己不陷入冲动鲁莽、简单轻率的被动局面。

当你察觉到自己的情绪非常激动，眼看控制不住时，可以及时采取暗示、转移注意力等方法让自己放松下来，鼓励自己克制冲动，不断对自己说：“不要做冲动的牺牲品。”或者去一个安静平和的环境，也有利于平复情绪。冷静下来后，再思考有没有更好的解决方法。

人生是一张单程车票，失去的便永远不会再拥有，克制住自己的情绪，即使被领导批评了，也不要因一时冲动而辞职。因为一时的冲动将自己苦心经营的成果白白断送是很不值得的，真到时候，后悔也来不及了。

3.能屈能伸才是气度的表现

《孔子家语•屈节解第三十七》中记录了子路和孔子这样一段对话。子路问孔子：“由闻丈夫居世，富贵不能有益于物，处贫贱之地而不能屈节以求伸，则不足以论乎人之域矣。”孔子回答说：“君子之行己，期于必达于己。可以屈则屈，可以伸则伸。故屈节者，所以有待；求伸者，所以及时。是以虽受屈而不毁其节，志达而不犯于义。”

翻译过来就是，子路向孔子问道：“仲由听说，大丈夫居于世间，富贵却不能做有益于众人之事，身处贫贱又不能降身屈从，以求将来伸展才志的机会，这就不值得在人的范围内加以评价了。”孔子答道：“君子对于自己的志向操守，必然要明达。委屈时可以委屈，需要施展便能有所施展。如此，他降身屈从，是为了等待知遇的机会；他施展才华，是为及时抓住良机。所以，即使他暂时得不到发展，也不会败坏自己的节操；有机遇实现自己的抱负，也不会违背道义。”

吕曦在高中时代参加过三次高考，倒不是因为考不上大学，而是他的理想是复旦，但每次都因为几分失之交臂。第三次高考吕曦仍未能如愿，本来复读就有很大的压力，像他这样复读两年的人更是如此。

吕曦很痛苦，理想和现实到底要选择哪一个？他并不想放弃自己一直以来心仪的院校，想再给自己一次机会。人这一生就上这么一次大学，他不想留下遗憾。

一次一个亲戚来吕曦家做客，问他今年考得怎么样，吕曦如实回答，说想再考一年。这个亲戚露出一脸鄙夷的表情说："我看你还是别考了，考了三年都没考上，怎么第四年就能考上了？有个大学上就行了，一天尽异想天开。"

吕曦觉得受到了莫大的羞辱，自己的复旦梦就这样被亲戚的话抹杀。他无奈地放弃了复读，选择了其他大学。但是大学期间，他偶尔还是会打开复旦的网页，神情恍惚地看着电脑屏幕，不知道是在遥望自己曾经的梦，还是在祭奠自己死去的心……

我们的人生不会永远一帆风顺，总会有起起落落。但即使在低落之时，我们也要坚守内心的志向操守，不因为怀才不遇而郁郁寡欢，不因为逆境困顿而屈身丧志。当机会来临时，拼尽全力抓住它，尽情施展自己的才能德智，做出一番成就，实现自己的价值。

一个有气度的人，刚毅坚韧，大度宽容，自信从容中见气定神闲，身处逆境时不怨天尤人，泰然处之。能忍他人所不能忍，容他人所不能容，在涨跌之间显沉稳，在沉浮之中展气魄，在得失之中见胸襟，世事洞明，人情练达。气度决定格局，格局决定人生的高度。

钱庆彬和易志远下班后和几个朋友来到一家常去的酒楼里吃晚饭，钱庆彬喝高了，话头也多了起来。拿着酒杯，搭着另一朋友的肩膀，狂侃自己前两天是如何神勇地搞定一个客户，拿下一个大单，两年内不愁没钱给员工发工资了。

说到兴头上，钱庆彬站起身，把手一扬："我相信我的公司一定……"

"啪！"原来他光顾着豪情万丈，却没注意旁边的服务员正走过来。他刚刚端着酒杯站起来，服务员以为是要添酒，便端着酒瓶过来了，不料酒瓶被他打翻在地，碎了，还溅到了他的鞋子和裤子上。服务员惊慌失措，一个劲地道歉。这时，偏巧酒楼的老板走了进来。老板见状马上走过去，从口袋里掏出纸巾，蹲下帮他擦干皮鞋。

钱庆彬这一折腾，酒也醒了，赶紧一抽身，从旁边把老板扶起来。“这是干什么！”钱庆彬说。老板站了起来。他的神情令人震撼，就像刚才他是为自己或家人擦鞋一样。“是我自己喝多了，不小心把酒碰倒了，不怨这小姑娘，你可别为难她。”钱庆彬告诉老板。“谁碰倒的并不重要，你的鞋子脏了，我帮你擦，这是我的责任，因为你是我们酒楼的客人。”老板平静地说。

那一刻，易志远觉得一个老板蹲着帮人擦鞋不是很丢脸的一件事，更不觉得他是一副奴才相，相反倒觉得他很伟大。此时，易志远突然明白，为何老板的酒楼开张仅仅不到一年，就已经扩张开第二家分店了。想起学生时代老师上课时说过的话：“站着的人不一定伟大，跪着的人也不一定屈辱。站着做人，跪着做事，才是真正的强者，能屈能伸才是真丈夫，不要太顾及所谓的面子，不然你可能会失去更多。”

一个十分张扬的人，不能够得到别人的支持，但是没有周围人的支持，在竞争中自然会处于下风，结果是可想而知的。一个人的能力再强也是有限的啊，这就是刚则易折的道理，锋芒太露了反而成不了事。

这正是修养的障碍。人的能量如果长期处于发散的状态，则很容易散失。“屈”这种收敛状态能够储藏能量，积蓄和保养生命的精华。其所对应的“伸”，不是说行事张扬。因为往往越是地位高或者有能力的人，越是谦虚和蔼。这里所说的“伸”是指能力和才华自然的彰显，无需夸耀就能赢得别人的钦佩，这就是水到渠成了。

“屈”而蛰藏，虚静以待，自身阳气自然升发蓬勃生机，从而生生不息达到顶天立地的境界，又何需炫耀或者张扬呢？所以，首先要能屈，然后才能伸张正气。

4.退一步海阔天空，让三分心平气和

如《菜根谭》所言：“径路窄处，留一步与人行；滋味浓时，减三分让人尝。”也许这“留一步”和“减三分”会给待人处事带来可喜的转机。其实，一些事情争或不争并不会对我们的生活甚至整个人生有什么影响，这时我们不妨大度一些，退让一些。

很多时候，我们与朋友或同事之间发生的一些大的矛盾或分歧最初也许只是小小的意见不合，但为了所谓的“面子”没有人愿意退让，怕从此被人看低，最终小小的不合演变成了不可收拾的争端，两败俱伤。如果当初懂得让步，也许能够避免之后的若干麻烦也说不定。正所谓“退一步海阔天空，让三分心平气和”。

火锅店美女被烫事件一度被热议。2015年8月24日晚6时许，林女士带着宝宝和家人在一家火锅店吃饭，席间她让服务员朱某往锅里加水，朱某见锅里还有水，告诉她不用加。林女士反驳道不加水烧焦了就没法吃了。朱某没理她，继续忙自己的事。

当晚与林女士一起就餐的妹妹说，要求服务员朱某加水遭到拒绝后，林女士就用手机发了一条微博，投诉店里服务态度差。店内经理针对此事对朱

某进行了训斥。几分钟后，朱某端着一盒开水走向林女士，当头淋下，并把盒子扣在她的头上，然后拽住林女士双肩，连人带椅子拉倒在地，扑上去对其拳打脚踢。

经医生诊断，林女士全身42%被烫伤，重度分别为2度到3度，烫伤部位为头部、颈部、躯干及四肢，属于重度烫伤。目前她正在医院接受抗感染以及抗休克的治疗，好在没有生命危险。整个治疗大概需要一二个月，初步费用大概在一二十万。

目前，该店已暂停营业，具体开业时间未定，在采访中“火锅先生”表示，接下来将会进一步加强员工的管理，并关注他们的心理状态，“希望能以此事为戒”。

大部分时候，我们与别人赌气，与别人争执，最终伤害的却都是我们自己。如果你执着于面子而不肯退让，即使在争端中占了上风，最终又能得到什么呢？如果双方都能退一步，我们将收获一份内心的宁静，以及别人对我们的尊敬。

说到宽容，就自然会说到那广为流传的“六尺巷”的故事：相传当年大学士张英的邻居吴氏建房，因想占两家之间的巷道和张家发生了争执，张英家人飞书京城，希望老爷“摆平”邻家。张英看完家书淡淡一笑，回复道：“千里家书只为墙，让他三尺又何妨？万里长城今犹在，不见当年秦始皇。”家人看后会意，主动退让三尺。吴家见此，深受感动，亦退让三尺，遂成六尺巷。这条巷子现存于桐城市城内，成为中华民族谦逊礼让传统美德的见证。

宰相肚里可撑船，我们虽是草根之辈，也要懂得宽容他人，努力让自己做个成熟的人。决定一个人是否是强者的标志，不是他的勇敢冲锋，而是他的适时撤退。培养出退一步海阔天空的心胸气量，就不会因为小事而情绪失控。关键时刻知道退让，知道理解别人，也是一种强大。

距离甘涛工作单位不远有一个小酒店，每次工作压力大，或者不开心的时候，他都会去坐坐。小酒店门口有一个四十岁左右的艺人，总是一脸和蔼，即便有人对他出言不逊，甚至骂他，他都全当没听见。

一次，甘涛心情不好，就顺手将一枚硬币投到了他的脚下，他想这名艺人肯定会生气。可是他错了，艺人微笑着把钱捡了起来，并向他表示感谢。甘涛看着有点内疚，很想说声不好意思，可是那位艺人走了。

几个月以后，他在大街上看到一位西装革履的中年男人，正是那位艺人。他径直走过来，与甘涛握手寒暄。甘涛尴尬地对他说："那天真不好意思！"对方还是微笑地说："没事，我还要感谢你，是你让我明白，原来我已经可以控制自己的情绪了。"

原来，那位艺人是一家知名企业的老总，十年前曾因为自己的脾气不好，控制不住情绪，逼死了自己最爱的人，儿子也离家出走。这件事令他感触很深，也让他学会了忍耐。

世界之大，却没有任何两片叶子是相同的。人是充满感情的动物，由于个性的差异，阅历的深浅，每个人都会有自己的世界观、价值观和认同感，正所谓"千人千面，各有所好"。在漫长的人生旅途中，每个人都可能有犯错的时候，有的错误是主观造成的，有的错误是无意间造成的，因此生活中难免会出现各种矛盾、误会和磕磕碰碰。我们每一个人都应该做情绪的主人，要具有一种平和谦让的心态，不苛求别人，不放纵自己。

"海纳百川，有容乃大"，假如每个人都能以自己宽大的胸怀来接纳他人，以宽容为"润滑剂"来处理事情，相信可以减少许多不必要的摩擦和纷争。

做个生气的记录本，记录下你每次与人发生争执和生气的时间、原因，过一段时间重新翻看一遍，或许你会发现大部份缘由都是微不足道甚至无聊可笑的。以后再遇到类似的情况，你也就不会像炮仗一样，一点就着了。

5.做人要有唾面自干的勇气

《寒山问拾得》中，寒山问拾得曰："世间谤我、欺我、辱我、笑我、轻我、贱我、恶我、骗我，如何处治乎？"拾得云："只是忍他、让他、由他、避他、耐他、敬他、不要理他，再待几年你且看他。"

当别人用殴打、恶言等恶劣的方式伤害我们，在暗处中伤诬陷我们，或在背后挑拨离间时，我们要尽力避免产生瞋恨或愤怒的情绪。宋代苏洵曾经说过："一忍可以制百辱，一静可以制百动。"其实，忍是理智的抉择，也是成熟的表现。忍有一个最重要的条件，就是眼光放得长远。正是为长久打算，才要忍一时之痛。

有唾面自干的勇气，方能成就大事；沉住气，方能真出气；能吃亏，才能成远谋。人多为忍无可忍找借口，却不知忍绝非软弱可欺、丧失自尊的表现。忍的智慧，不是仅为平息一时的矛盾，它更多的是一种器量与勇气的表现，而且于人于己都有利。

何雅雯在家排行老大，小时候家境艰难，父母忙着上班养家，照顾两个弟弟和洗衣做饭等管家的事情早早就落在了她的头上。弟弟怕她，父母疼她，因此她养成了能吃苦受累却不能忍气受气的个性。

参加工作后，何雅雯在咖啡厅里当咖啡师。学徒期间，她将自己做的拉花给师傅看，让师傅提些意见。师傅不客气地评价道："你拉的这是个什么东西，这么丑，七扭八歪的，是要飞上天去吗？"从小到大，何雅雯哪里受过这个气，当时她脑袋轰的一热，血往脸上涌，马上倒掉了那杯咖啡，心里的羞耻感好久都过不去。

一次，师傅在制作咖啡时，何雅雯给师傅打奶泡。师傅接到何雅雯打的奶泡，嘲讽地说："你把奶泡打得这么粗糙是要笑死我吗？"何雅雯再也忍不住怒火，当即和师傅吵了起来，第二天就交了辞职报告，离开了那里。

古人说："将愤之初则便忍之，才过片时，则心必清凉。"开始觉得自己的肺都气炸了，无法忍耐，可是忍过后才觉得不是什么了不起的大事，忍一下对自己正好是个磨炼。生气发火，往往只是一怒之下，忍无可忍，这是因为人遇到愤怒的事情时，心情比较烦躁，只觉得头脑一热，就什么都不管不顾了。如果这时候我们能有意识地让自己冷静下来，仔细权衡利弊，沉住气，那结果就会不一样了。

羞辱本不是什么好事，但只要我们换种眼光、换个角度去看它、对待它，然后，认真去寻找它的价值所在，把它当作我们人生前行的动力，那么，我们的人生交响曲往往会演奏得更加错落有致，更加华美。

如果哪一天，你遭遇了人生的冷风冰雨，你的心已经不堪承受，那么，也请你等一等，要知道，命运这棵巨树正在生活的背风处为你营造一种春天的盎然气象，并一点一点地靠近你，你只要负责做好你自己，命运自会安排好你的路，将最好的一切送到你身边。

一次，在公共汽车上，一个男青年往地上吐了一口痰，被乘务员李素丽看到了。李素丽对他说："同志，为了保持车内的清洁卫生，请不要随地吐痰。"没想到那男青年听后不仅没有道歉，反而破口大骂，说出一些不堪入耳的脏话，然后又狠狠地向地上连吐三口痰。李素丽当时还是个年轻的姑娘，气得面色涨红，眼泪在眼圈里直转。

车上的乘客议论纷纷，有为乘务员抱不平的，有帮着那个男青年起哄的，也有挤过来看热闹的。大家都关心事态如何发展，有人还悄悄告诉司机把车开到公安局去，免得一会儿在车上打起来。

没想到李素丽定了定神，平静地看了看那位男青年，对大伙说："没什么事，请大家回座位坐好，以免摔倒。"一面说，一面从衣袋里拿出手纸，弯腰将地上的痰迹擦掉，扔到了垃圾筒里，然后若无其事地继续卖票。

看到这个举动，大家愣住了。车上鸦雀无声，那位男青年的舌头突然短了半截，表情也不自然起来，到站后不等车停稳，就急忙跳下车，刚走了两步，又跑了回来，对李素丽喊了一声："大姐！我服你了。"车上的人都笑了，七嘴八舌地夸奖这位乘务员不简单，真能忍，虽然骂不还口，却将那个浑小子制服了。

李素丽的确很有水平。面对辱骂，如果她忍不住与那位男青年争辩，只能扩大事态，虽然她有理，可是结果对她也没什么好处，更何况与之对骂，又会损害自己的形象；如果默不作声，又显得太沉闷了。她请大家回座位坐好，既对大伙儿表示了关心，又淡化了眼前这件事，缓解了紧张的空气。她弯腰将痰迹擦掉，比任何语言表达的道理都有说服力，取得了道德上、人格上的胜利，震动了那位男青年麻木的心灵，也教育了大家。

在生活中，每当遇到这样让人觉得忍无可忍的事，就更要让自己忍住，不然很容易成为对方的出气筒，也会给自己带来不必要的麻烦。磨炼自己的内心，把被损的面子变成动力，具有唾面自干的勇气，成功才是属于你的。

6.好汉要吃眼前亏

俗话说：“好汉不吃眼前亏。”这话表面上听起来不错，但从另一个角度想，眼前不吃亏的人很有可能以后会吃亏。中国人向来提倡“以忍为上”“吃亏是福”“小不忍则乱大谋”，这不是没有道理的。很多时候，面对比你强大的对手时，逞一时匹夫之勇，只会让你的处境更加不利。吃得眼前亏才是一种大度的表现。

现在有很多人，太讲究面子、尊严，碰到有伤他面子或尊严的事，就按捺不住，常为此斤斤计较，甚至大打出手。这样不见得能挣回自己的面子和尊严，反而会让自己元气大伤。所以，要把“好汉不吃眼前亏”改成“好汉要吃眼前亏”。

艾威是一个出租车司机，有一天，他把客人送到郊区，在返回的路上，下车去路边的公共厕所方便了一下。刚回到车上，还没发动车子，后面就来了一辆大卡车。卡车估计刹车不太灵，碰到了艾威的车屁股。艾威开车向来比较谨慎，从没有发生这样的事故。他赶紧下车查看，发现车子后灯撞坏了，而那个大卡车却毫发无损。他不想吃亏，就打算和对方理论。

这时候，车上下来四个身材魁梧的男人，个个横眉竖目，怒气冲冲，不仅不承认自己的错误，还骂艾威瞎了眼睛，把车停错了地方，让艾威赔偿。

明明是自己吃亏了，对方还反咬一口，艾威顿时火冒三丈，和这四个人撕扯起来。一个对四个，结果当然是艾威被打得很惨。四个人打完艾威后就开车离开了。荒郊野岭也没有人能帮艾威，结果他不但要自己承担车的损失，还要为身体的伤痛花钱。

硬碰硬只会把自己碰死。眼前亏，该吃的时候还是得吃。吃亏的目的就是避免不必要的麻烦和损失，如果因为不吃眼前亏而蒙受更大的损失，就距离理想越来越远了。大丈夫要能屈能伸，人在矮檐下，一定要低头。

为了所谓的面子和尊严与对方搏斗，最终的结果无非是一方一败涂地，另一方即使获得“惨胜”，却也元气大伤。在人际交往中，如果我们能舍弃某些蝇头微利，也将有助于塑造良好的自我形象，获得他人的好感，为自己赢得友谊和影响力。这是做人的一种权变，更是最高明的生存发展智慧。

但是，好汉要吃眼前亏，并不是要你逆来顺受，也不是要甘受屈辱和压迫，而是不得已之下自我保护的一种策略。现实生活是残酷的，很多人都会碰到不尽如人意的事情。敢于碰硬，不失为一种壮举。可是，胳膊拧不过大腿，如果你硬要拿着鸡蛋去与石头斗狠，只能算作无谓的牺牲。所以说，好汉要吃眼前亏，而且要善于吃眼前亏，敢于吃眼前亏。

沙文轩由于工作地点换了，便打算重新租一个住处。利用休息时间，终于找到一所非常不错的房子，这是一个两居室，外面一大间，里面一小间。于是，沙文轩就将这个大间租了下来。

他前脚刚离开，后脚就又来了一位租房的人，是位画家，也是一位编剧。画家看了这所房子后，自然也喜欢上了外面的大间。房东告诉他，如果想租只能租里面的小间了。画家想了想，便交了房租，租下了里面的那个小间。接下来，画家迅速地将自己的一堆东西都搬到了大间。正在他们搬得热火朝天的时候，沙文轩赶到了。看到画家占了自己的房子，沙文轩心中有些不高兴。

这时，画家走过来对他说：“兄弟，真的不好意思。我东西比较多，还要摆画架，我能住这个大间吗？我这次是来郊区采风的，最多住上两三个月就走了。”这时候，沙文轩有点为难。如果不同意，人家东西都搬进来了；如果同意，自己实在不喜欢里面的小间。再说，自己交的大间的房租反而住小间，岂不是太吃亏了？思考再三，沙文轩还是爽快地答应了。画家非常高兴，当晚就请沙文轩大吃了一顿。

后来，沙文轩发现这位画家确实不简单，不但认识许多国内著名的画家、编剧，而且与诸多导演都有来往。由于沙文轩把大间让给了画家，画家对他印象非常好，主动介绍了许多文化界和影视界的名人给他认识。

两个月后，画家突然找到沙文轩，催促他同自己一起搬家。画家告诉他说：“我的一位朋友要出国，留下了一套三居室的房子没人住，他请我住他那儿，顺便帮他看房子。我想三个屋我一个人也住不过来，你同我一块去吧。”就这样，沙文轩在画家朋友的三居室里住了一年，画家不但没收一分钱房租，还介绍了更多的朋友给沙文轩认识。第二年，画家打算开一间公司，点名请沙文轩做自己的第一助理。

沙文轩最初将大间让给画家，看似吃了很大的亏，没想到后来却获得如此大的收益。试想，如果他当时据理力争，寸步不让，最后可能会保住自己的大间，却会因此而失去画家的情谊。其实很多时候，生活就是这样，你敬别人一尺，别人会敬你一丈。你吃点眼前小亏，可能会换来长久收益。吃眼前亏看似窝囊，得不偿失，可也常常会给你带来意外的惊喜。

另外，“好汉要吃眼前亏”也是许多成功人士的人生信条。这些人之所以成功，就是因为他们懂得如何去面对“吃亏”。要知道，世上没有人是永远不吃亏的，也没有便宜是可以占一辈子的。与其这样，不如吃点小亏，换得别人的认可与尊敬，这带给自己的无形的利益要远远大于那点微不足道的小亏。吃点眼前亏，结一个好人缘，为自己将来的成功打下基础，何乐而不为呢？

7.迎着别人的嘲笑前进

《李宫俊的诗》中有这样的话："不要因为别人的嘲讽就放弃，努力给那些看不起你的人。"

远行不重要，去哪里不重要，找到自己所热爱的，千万不要放弃，也不要怕他人嘲笑。因为不论你做什么，总会有一些人在后面笑你。

李雨菲在业余时间会抽空学习法语，在办公室里没事看看法语书，并试着练习发音。一次她趴在桌子上休息，同事以为她睡着了，就开始议论她学法语的事情："就她，还学法语，能去法国是怎么着。""就是，她读得那叫什么，简直就一四不像。"两个人在背后偷偷地嘲笑着她。李雨菲听到这样的话心里很难受，于是就放弃了法语的学习。

两年后，李雨菲和丈夫讨论去哪里蜜月旅行，丈夫建议去法国，那里是浪漫之都，非常合适。这时，李雨菲心中隐隐作痛，想起了当初因同事的嘲笑而放弃学法语的往事。最后，她淡淡地告诉丈夫："我们还是去韩国吧。"

做出了决定就不要因为他人的嘲笑而放弃，当你选择了与众不同的生活方式，又何必在乎别人以异样的眼光来看你。人越往上走，心应该越能往下沉，心里踏实了，脚下的路才能走得安稳。

你的梦想被人嘲笑了，于是你就轻易地放弃了，不再拥有梦想，继续过着碌碌无为的生活，永远待在同一个城市，只和几个人交朋友，也不再尝试新鲜的事物，就这样浑浑噩噩地活着，却忘记了，越是被他人嘲笑越值得为梦想固执。

梦想往往会被嘲笑，因为不是所有人都能理解，但他们的嘲笑并不能否定为梦想固执的伟大。马云曾在1999年提出要做世界上最大的电子商务公司，当时所有人都在嘲笑他的异想天开。他创办的海博翻译社不赚钱，刚开始做阿里的时候也没人相信，只好自己做淘宝郎，为了开工资自己买小商品。好好的铁饭碗不要却做赔本的买卖，马云在当时没少遭受嘲讽，谁都不会想到十年后的阿里巴巴，年交易额可以突破30000亿。

有的时候傻坚持要比不坚持好得多，如果空有梦想，没有坚持，梦想将变成一种痛苦。

严温是一个上班族，但是他上学的时候就想创业。无论规模大小，只是想自己当老板，不为了成为什么大富翁、大企业家，只为实现自己的心愿。

于是严温在自己所在的广告设计公司努力工作，孜孜以求，尽善尽美，为以后的创业积累技术经验。同时他省吃俭用，每个月规定自己要攒下四分之一的工资。休息的时候会和有同样梦想的人一起研究和讨论创办公司的事。

经过三年的努力，严温终于和两个伙伴创立了自己的小公司。但是喜悦还没有完全褪去，失败的悲伤就不请自来——严温的公司倒闭了。这下他不但没有了工作，还失去了三年的积蓄。一无所有的严温脸上愁云密布。

朋友聚会上，哥们询问他现在的情况，严温如实告诉了朋友，本以为兄弟一场，朋友会安慰自己，没想到朋友却说：“严温，不是我说你，你怎么会有创业的想法，一开始你和我说这事的时候我就觉得不行，但你那么斗志昂扬我也就没多说什么。是说你能成为马云还是能成为李嘉诚？好好上班吧，当个小职员才是你应该走的路，别老想那些虚无缥缈的和你没关系的事。”

这让严温的自尊心受到更大的打击，他决定重新振作起来，认真总结上次失败的教训。又过了三年，严温再一次创业。现在的严温经营着自己的小公司，日子过得不亦乐乎。

韩寒曾说："找到自己所热爱的，千万不要放弃，千万不要放弃，千万不要怕被人所嘲笑，因为无论你做什么都会有一群人在背后笑你，你做得好做得坏都会有人在笑你。"

不要怕冷嘲热讽的暗箭，有冷箭能伤到你，说明你走在他们前面；你会被他们的冷箭伤到，说明你走得还不够快，离他们还不够远，还在他们的射程以内。所以，不要停下来解释自己，要证明别人偏见的错误，唯一的办法就是用行动的结果证明自己是对的。为此你需要一直往前走，更努力，更平静而从容。

任何特立独行，坚持自己主张的事情都免不了受到嘲笑。无论你做什么总会有人在笑你，在不加任何思索地否定你。这些人大多数都很保守，有的是生来就没有梦想，有的是被打击得失去了梦想，也害怕别人拥有梦想，别人的奋斗让他们感到惶恐。从某种意义上说，嘲笑你梦想的人越多，你的梦想越有潜力。

现在别人笑你，是因为你做得还不够好，如果你成功了的话，收获的就不会是嘲笑而是羡慕。所以，其实他们的嘲笑也有助于你纠正自己的缺点，让你进步，对你来说并没有什么坏处。因为自己是最难认清自己的，只有通过别人对你的言行举止的评价才能反射出你是进步还是倒退，这对你来说是件好事，反而更应该激发你的斗志。他们越是嘲笑你就越应该努力去做好，用自己的行动去征服那些笑你的人，让他们知道你的厉害。

用行动去证明是你现在最需要去做的，那些无谓的猜想只会浪费时间，只会把你渐渐推向失败的深渊。你的目的也许是为了挣钱，也许是为了成就一番事业，也许是要改变世界，无论是什么，总之，坚持你自己的目标和理想就行。

第四章

不用晒不用秀，幸福不是做给别人看的

1.不要让求点赞成为一种必需

“为了做好这些工作，我们的各级干部也是蛮拼的。当然，没有人民支持，这些工作是难以做好的，我要为我们伟大的人民点赞。”2015年新年前夕，国家主席习近平面对镜头向全国人民道新年贺词，这句包含“蛮拼的”“为人民点赞”等流行用语的大白话迅速被热传。

点赞可能是社交网络最伟大的发明之一。人和人之间的关系是需要互动来维系的，你来我往才能促进感情的交流。在没有朋友圈的时候，我们靠着电话、短信和QQ来维持互动，可对于怕麻烦的现代人来说，这些都太麻烦了。而现在只需要手指轻轻一点，一颗心形的赞就跳了出来，既简洁又能增进情感。

威廉·詹姆斯说：“渴望得到别人的认可和赞赏，是人类埋藏最深的本性。”人人都渴望被关注，每一个人都喜欢得到他人的赞赏。即使没有特别的东西可以发，家里的菜品也可以晒一晒。微信一发，圈里的朋友会立即收到，并且给予关注。而且，朋友们发表的不同评价更可以满足人们对关注和赞美的需求。这也是人们愿意把各种各样的东西拿出来晒的一个重要原因，因为它满足了人们对安全感和归属感的需要，使其感受到了自我价值和成就感。

2014年，浙江缙云县19岁的小赵和女友为在朋友圈求点赞，决定拍摄行驶过来的火车头。当列车疾驰而来时，小赵冲到铁轨边狂拍，列车司机鸣笛警告无效后被迫紧急制动，最后在距离他们50米远的地方停下。之后两人都被巡逻民警带回了民警值班室。

求关注，与朋友进行互动本无可厚非，但是像这对情侣这样采取极端行为求点赞就是一种病态心理的体现。不过现在的确有部分社交软件用户形成了这种不健康的心理。

如果一个人从来不给你点赞，有三种可能：一是此人从来不给任何人点赞；二是你根本不在此人的关注范围之内，也就是说，人家根本不在乎你；三是此人对你发的任何东西都毫无共鸣。后面两种情况可能都会意味着，你拿人家当朋友，人家拿你当路人甲。2014年微博用户报告显示，晚上22点到23点之间是点赞发生得最多的时间段。由此看来，点赞已成为不少网友睡前的“例行工作”。

点赞，真的那么重要吗？麻省理工大学的研究者Sherry Turkle发现，点赞行为对人与人之间的真实了解并不起多大作用，点赞式社交里的亲密感并不完整，它不一定能转为现实中的人际联结。朋友面对面的鼓励给你的感受，显然比线上给你点赞真诚、重要得多。

真正的感情，从来不是靠点赞维持的，就像存在感，也不是靠刷屏累积的。也许是我们和世界的关系太过稀薄，才想攥一把叫好声在手里，假装自己永远身处闹市，永远有人醉笑陪君三万场。

水怡心喜欢在朋友圈里发图片来获得朋友的评论和点赞。旅游要发旅途中吃喝玩乐的图片；买了新衣服要拍张自拍照发上去，问问小伙伴们的意见；吃大餐要给自己和盘子里的食物拍个合影让微信好友“望梅止渴”；当然，和男朋友秀恩爱的图片也是必不可少的……这一切都是为了让朋友和同学、同事看到自己的生活过得如何精彩，如何幸福，让自己有面子。看到好友为自己点赞，水怡心就觉得这是别人在羡慕自己。这时，她的优越感和自豪感就会油然而生。

一次水怡心和一个高中同学在咖啡厅里小聚，发现这个同学早已默不吭声地成为了人生赢家：现在的她早就不为生计发愁了，经营着自己的公司，有房有车，定期出国度假，生活过得滋润得很，和男朋友更是恩爱有加，双方父母也都见过面，表示很满意，但是两个人都想再自由两年，所以目前还不打算结婚。

水怡心不解地问："你的情况这么好，怎么从没见你发过朋友圈呀？"同学笑笑说："为什么要发，生活是自己的，自己过得好就行了，为什么一定要让别人知道呢。"水怡心顿时觉得自己之前的行为是多么幼稚可笑，从那以后，她不再有什么事就拍图片发朋友圈，期待朋友点赞，而是沉下心来，专心经营自己的生活，真诚地和朋友交往。一段时间下来，水怡心觉得自己的内心比以前充实了很多。

朋友圈上大都是开心光彩的一面，很少有人会把烦恼和不悦的事情发上去，总喜欢让人觉得自己很幸福。其实那样只是做给别人看的幸福，即使人家再羡慕，也不是真的。说出来的幸福不一定真正美好，而没有说出来的那些幸福，也许才是人心底实实在在的温暖和感动。

不要过于在乎别人的看法，也不要太在乎别人是不是关注自己。很多人面子很光鲜，里子却烂得一塌糊涂，千疮百孔。这样的生活晒在别人眼里也许风光无限，但实质上你可能活得比谁都痛苦，度日如年的愁闷只有你自己知道。最重要的其实是自己心中充满快乐的阳光，因为幸福是一种感觉，这种感觉是愉快的，使人心情舒畅、温暖甜蜜的，它只掌握在自己手中，而不是在别人眼中。

2.炫耀式分享者多为表演性性格

把自己正常的生活状态通过自拍的方式分享到社交网络上，让大家来关注，来沟通互动，这当然无可厚非。但也存在一部分人，只把自己生活中较好的一面，甚至是少部分奢侈生活场景拿来炫耀，并且高频率出现，这就难免让看的人觉得异样。

一开始大家还都只传诵章子怡是人生赢家，后来人生赢家就越来越多；一开始说黄晓明是男神，后来男神也越来越多。各种晒幸福、秀恩爱的频率也是层出不穷，而且越来越宽泛，只要是对夫妻，有个孩子，就都是幸福的。旅个游，晒个狗，拍几张美照，在社交媒体显摆一下，就都算幸福了。

而且晒幸福从来不是明星的专利。在朋友圈里，经常可以看到大家在晒幸福。有的晒豪车，有的晒新房，有的晒名牌，有的晒新项目的签约仪式，还有的晒老婆、晒娃。

张猛的小家庭过得很幸福，老婆踏踏实实地和他过着平淡的生活。今年生了小宝宝，朋友圈里充斥着小宝宝的各种表情，各种姿势，天天用孩子刷屏，那一家人恩爱和谐、家有萌宝不亦乐乎的感觉让人恨不得马上组建家庭，投入这样的小幸福中。

张猛那些还是单身狗的朋友们自然忍不住要祝福他，为他点赞，并感叹一句："自己已经严重落后了！"但是时间长了大家又总觉得张猛的状态不对，他的晒娃有着浓郁的炫耀气息和优越感的味道。

张猛人长得不很帅，事业上发展得也一般，大学毕业快十年了，他的同学们大多已在自己的领域里有所建树，而他还是一个小职员，和大学毕业的时候几乎没多大区别，唯一能超过别人的，就是自己的小家庭。所以，张猛极力地在朋友圈里晒孩子，营造出一个幸福无比的家庭，以博得周围人的赞赏，让自己有面子。

晒得太猛烈，就会像演戏一样，一点都不真实，朋友们都猜出了张猛的用意，不知不觉间大家都有意无意地疏远了他。

专家指出："炫耀式分享者多为表演性性格，倒也不是说是由心理脆弱引起，但他的性格肯定有些缺陷，过分自我中心，爱表演，往往以一种清高的姿态视人，这种性格的人很难与人相处融洽。"正如网上流传的一种说法：爱炫耀只能显示出人内心缺乏安全感，缺乏自信，这是心理脆弱的表现。其实，真正的智者从来都是锦衣夜行。

所有的快乐都是内心深处的快乐，所有的幸福都是宁静的、平和的、低调的幸福。幸福太过高调就容易跑调；恩爱秀得多，就容易假；美好晒得多，蒸发得更快。所以，整天到处晒幸福、高调秀恩爱，未必是值得羡慕的事。

沈南云和妻子很恩爱，下班后会一起去买菜，周末他通常都会带着妻子出去走走，呼吸呼吸新鲜空气。小区里的邻居都羡慕小两口的甜蜜，但是没见过沈南云妻子的人甚至不知道他有这样一个幸福的家庭，因为沈南云从不会特意和别人说起自己和妻子的事。

沈南云是单位里的领导，大事小事都离不开他。一次，妻子生病住院，沈南云什么工作都不做了，所有活动全部取消，谁约他都不见，专心照顾妻子，在医院里为妻子端茶倒水，搀扶她去洗手间，帮她洗澡，陪她散步，跟她聊天。医院里的医生问沈南云："你工作那么忙，为什么不请人照顾？"他告诉医生："照顾是一方面，我不在她身边，她会害怕的，我每天陪着她，她就觉得踏实，病自然也好得快。”

半个月过去了，妻子出院回家休息，沈南云回到单位像往常一样继续工作，同事纷纷询问他这半个月去哪了，他只是淡淡地回答：“没什么，家里有事，回去看看。”

幸福是一种稳定的内心状态，而不是以自我为中心，用炫耀的分享方式来显示自己的优势，赢得他人的羡慕，从而让自己有面子。幸福与他人无关。白岩松曾经写过一篇《不平静，就不会幸福》的文章，他眼中的幸福就是如此，与金钱、地位无关，而在于内心的宁静。普希金也曾说过：“世界上所有的幸福，都以内心的宁静作为基本特征。”

内心的宁静并不是一种消极的生活态度，而更多的是让我们少一些焦躁，多一些从容，少一些抱怨，多一些感恩，少一些彷徨，多一些自信。当你有了这样的状态，你就会惊奇地发现，最大的改变就是你可以掌控自己的生活节奏，不会用别人成功的标准来衡量自己的人生，也不再会因为别人的喜悦或悲伤而患得患失，那些对于未来的不确定感和对于现实的不安全感也会跟着慢慢地消失，你就有了更多的时间和精力来静静地感受生活的幸福。

你仍然可以去实现自己的愿望，但是愿望实现之后你不会着急去实现下一个目标，而是懂得停留，去感受这一次愿望的实现所带来的幸福。当我们意识到自己有过幸福的体验的时候，也就更容易记住这种美好的感觉。当你下一次遇到不开心的事情时，就可以去回想曾经幸福的感觉，这就像按了按钮一样，一下子就有了对抗不幸的力量，从此幸福也就会成为一种内在的循环，让我们乐在其中。

3.幸福不是晒出来的

你有没有见过这样一种人，他们天天在各种网络平台上，隔空传情，晒两个人恩爱的照片。空虚寂寞的人看到那些照片上的甜蜜与幸福，心里那叫一个羡慕嫉妒恨。但是，一段时间过后，照片上的一个人换成了另外一个人，又或者他们开始发表各种失恋宣言了。有个统计表明，用微博的人有一半都在秀幸福，每个人都努力掩藏自己的另一面在微博上传递幸福的讯息。空间、博客、论坛、微博、朋友圈，带给人们很多机会来晒幸福秀恩爱。

冯曼曼和老公去参加亲戚聚会，碰见了姐姐和姐夫。聚会结束的时候出门，姐姐的鞋带开了，姐夫当着很多亲戚的面跪在地上小心翼翼地帮她系上。冯曼曼很羡慕，对自己老公说："看看人家的老公是怎么当的。"她老公不以为然，回家之后淡淡说了句："他俩肯定有问题。"果不其然，一年以后，姐姐和姐夫离婚了，因为姐夫在外面有了情人。冯曼曼问老公："你是怎么看出来的？"老公笑笑："真正的恩爱绝非是在人前秀出来的，而是在细水长流粗茶淡饭鸡毛蒜皮中磨出来的。"

有个定律说：越炫耀什么，说明内心越缺什么，或者是以高调去掩饰什么。晒幸福的人们，有一部分是过分看重别人的评价，或者是自我表现欲望太强，又或是嫉妒心比较强烈的人，在拥有了幸福以后，就想要拿出来炫耀一番，引起身边人的关注与羡慕。还有一部分是由于自卑、自恋、空虚、缺乏安全感等心态在作祟，导致晒幸福的人越来越多。

内心缺少幸福才会去搜集各种幸福的证据来夯实自己的幸福感，把这种幸福通过秀出来的方式得到大伙的评论认同，好确定自己是幸福的。当然也有很多人是为了面子，或者是为了维持美好生活的表象，掩饰自己的不幸福。

婚姻与爱情的开始自然是需要激情的，此时的当事人恨不得全世界都祝福自己，这很正常。但婚姻和爱情如果要维护下去，则需要约束力，而不是刻意在观众面前表演。最好的爱情和婚姻是不需要观众的，那只是两人的事情。

很多人的幸福本身就不牢固或已经开始退却，所以才“伪造”幸福拿出来秀。其实秀幸福本身没有错，关键在于秀的心态。物理常识告诉我们，晒容易流失水分，冷藏才是最佳的保鲜方式。秀恩爱在很多情况下其实是一种不自信或者太轻浮的表现，最后当然容易“死得快”了。

一对新人在亲友的祝福声中步入婚姻的殿堂，新郎挽着新娘的手，呵护有加。主持人问起新娘为什么选择对方作为自己的终身伴侣，是不是新郎做的什么很浪漫的事打动了自己的心，才做出这个决定的？新娘告诉主持人：“他从未做过什么很浪漫的事，他不会在情人节送我大捧的玫瑰花，也不会为我精心准备一个别样的生日，打动我的是他一直以来对我无限度的包容，和细节中显露出的对我悉心的照顾。”

婚礼仪式中新郎会在新娘转身时为新娘长长的裙摆调整方向，将新娘保护在自己前方，不让新娘被人群挤压。在场的宾客尤其是女宾客看到这样的场景不禁心生羡慕之情。

在论坛上记录男朋友对自己点点滴滴的呵护。结了婚，天天把小日子挂在网上，恨不得全天下都知道自己过得有多好。把豪奢婚礼的小细节拍成一个电影，然后寻找听众和观众们。在微博上更新，自己的男友在连续加班之后还手捧宵夜送到楼下。在心情上写到，自己亲爱的他倾尽年终奖带你飞去日本只为买一只限量版的粉钻……

有时候一个人的幸福，由大家来分享，就可能变成许多人的幸福。但要小心了，别让你一个人的幸福成为很多人的痛苦。所以，当你实在忍不住想晒自己的幸福时，千万注意晒的场合，晒幸福的对象。因为高调秀虽然能吸引别人的关注，但也很容易引起围观者的心理落差。到时你在好心情中晒幸福，却受到人们的抨击和质疑时，可能就变成坏心情了。

秀恩爱，其实就是给自己设定了一个神龛。晒在大家面前的幸福，在你的描述中变得无懈可击，完美无瑕，所以你不能坍台，不能失态，不能出丑，顶多在暗夜里叹口气，遇到再不顺的事情也得往肚子里吞。若是你说你现在不幸福，那不就是否定之前的幸福，打自己的脸吗？

话说回来了，其实晒幸福秀恩爱，是一种内心需要被关注被肯定的表现。可能是因为幸福恩爱不常有，一旦拥有，总希望借外人的羡慕来建立自信。要是非晒不可，请选择好场合和观众：在浴场就应该赤裸，在大街上绝对不要裸奔。

当一个人满世界地诉说自己很幸福的时候，可能已经不那么幸福了。需要“说”出来的幸福，可信度到底有几成？低调一点就不会遭人羡慕嫉妒恨，也不会在失意的时候显得那么落魄。幸福不是晒出来的，《小兵张嘎》里有一句台词很经典：别看现在闹得欢，小心将来拉清单！

4.有一种旅行，不晒在朋友圈

每到法定节假日，尤其是长假，微信朋友圈就会变成一个“旅游博览会”，朋友们出游时随手拍、随手晒，一路上忙着用微信“直播”自己旅途中的所见所闻。

其中最“主流”的当然是晒风景了，以自然风光、城市小镇建筑等硬性风景为主，每到一处都会拍几张具有代表性的风景照，然后注明拍摄地点，秀的是纯风景，无特别内容。有一部分人则更偏爱在旅途中发现人文的东西，比如，可以展现当地文化的场景、有人物的风景，通常通过一些特定的主题来体现，像拍摄当地人的生活、市集市场、博物馆展品等，通常在配图中会加入相关的图片说明，让朋友们能够更快速准确地了解图片之后的背景。当然，旅行中的美食是不能忽视的主题，从早餐、午餐、下午茶到晚餐、宵夜，甚至每一道菜上来之前都用手机拍摄“消毒”，然后拼图上传，乐此不疲。当然也有一些非主流的晒法，比如，与玩偶一起晒萌，以及每张照片必须要有名牌相伴的“土豪晒”等。

在朋友圈里晒旅游是很正常的现象，人们有分享的欲望是很自然的，这也是交流的一种方式。“晒”这个行为本身主要是为了吸引关注。而晒一些比较难去到的地方或者难得到的东西，则是为了增加关注的筹码，进而能在朋友圈中引发话题，得到朋友的更大关注。心理咨询师认为，“以前人们在朋友圈发照片是‘我有一种感觉，我要晒一下’，现在更多的是‘我想要发一条状态，请给我一份感觉’。有一些专家把这种现象叫作‘群体孤独症’，有寻求安慰、寻求关注和寻求存在感的感情在。此外，一些喜欢‘晒’的人也不乏炫耀心理作祟。把握好度很重要。”

我们看到太多的人，护照上盖了三十多个国家的戳，却照样谈吐无聊，头脑僵硬。因为他们坐了十几个小时的飞机到另一块大陆上，却只是在地标前花三个小时拍一张满意的照片，然后回宾馆煮一碗泡面。或是参加旅行团，欧洲十国八日游之类，把自己累得惨兮兮的，拍下一堆明信片取景照片。这些除了让人有炫耀资本之外，一点用途也没有。

不妨抛开所有的虚荣因素问一问自己，到底为什么要旅行？这是值得我们静下心来思考的问题。大家赚钱都不容易，真的甘心一万块送给航空公司，一千块赠予大使馆，八千块刷给规模生产出来的酒店大床？真的情愿拿钱和蜷在经济舱里僵硬的双腿来换取朋友圈里几十个赞？

在大都市打拼的张瑞，特别向往恬静怡人的乡村。五一假期她没有选择去知名景点，也没有和朋友聚会，而是独自一人跑到古朴的乡村里。在那里张瑞感到的不仅仅是比闹市里更加清新的空气，更是村民那与世无争，平和踏实的生活状态，让她在永无休止的职场斗争中得以喘息。

在村子里张瑞认识了一个和她同龄的姑娘。这个姑娘十九岁就嫁给了现在的丈夫，二十岁生下了第一个孩子，如今她已经是两个孩子的妈妈，大女儿明年就上小学了，她在家里照顾老人和孩子，经营着一个小超市，丈夫每天出去干活，晚上回来吃完晚饭就睡下了，夫妻俩也没有太多的交流。相处几天下来，张瑞表示自己很羡慕她的生活状态，觉得自己太累了。姑娘感到很不解："你怎么会羡慕我，我这辈子也就是看孩子照顾家庭，连个正式工作都没有。你上过大学，又在大城市里工作，以后也会找到很优秀的老公，过很富裕的日子，我羡慕你才对。"

张瑞没有多说什么，没经历过的人是不会理解的。她拍下了很多照片，这里的山山水水，这里的茅屋田舍，这里的男人和女人。她把这些照片保存在自己的电脑里，珍藏在自己的心里。临走时张瑞还加了那个姑娘的微信，说好保持联系。张瑞告诉她，自己以后还会再来这个村子的。

假期结束后张瑞回到单位一如既往地工作着，仿佛这一切从来都没发生过。

旅行是为了治愈人的心灵，每个城市和国家都有自己不同的气质，到一个地方后不妨把"自己"抛到脑后，尽情享受陌生之地带给你的全新体验。

真正的旅行，从来不是用一堆照片的堆砌来满足内心小小的虚荣。旅行不仅能欣赏别样的风景，品尝特色美食，感受独特的文化，更难得的是旅行之前的期待、旅行进行时的感动和旅行归来后的回味无穷。

5.不违背本心，诚实面对自己

卓别林曾说："当我真正开始爱自己，我才认识到，所有的痛苦和情感的折磨，都只是提醒我：活着，不要违背自己的本心。今天我明白了，这叫作'真实'。"

我们每个人都想要获得幸福和快乐，这点毋容置疑。但是看看我们周遭的人，他们的行为是以自己的幸福、快乐为出发点吗？生活中，有多少人是以外界的标准为自己的生活准则，为了让别人认为自己是幸福的，将自己的生活经营成符合外界标准的样子，而忽略了自己的本心。

寂静的夜晚，离开人群回到家里，剥去种种角色的外衣，褪去种种外在的要求，诚实地面对自己，诚实地内观，去审视自己，才能得到人生的真正自由。每个人都可以回望一下，在过去的生命当中，为了避免羞愧、内疚或者是恐惧的感受，我们做了多少傻事。

要得到幸福，最重要的就是要能够诚实地面对自己，接纳一个并不完美，但却真实完整的自己。我们每一个人都是一路沿着告诫、说教、规则、禁忌，从满心好奇地奔跑到小心谨慎地踱步的。一路的成长，我们更在意的是别人是否喜欢自己，自己是否符合某种类型的标准，要像谁谁一样讨人喜欢，却忽视了我们自己本来的样子。于是，在各种关系纠缠不休时，我们变得不知所措，觉得自己没用，渐渐生出满心的自责、怨恨与不满，对外界，更是对自己。

让我们放下外界的评判，真诚地面对自己，一个并不完美，但却真实完整的自己。你不需要做到永远正确，也不需要做到一直领先，静静地和自己在一起，看一看自己，你喜欢、欣赏的部分，还有你不满、厌倦的部分，那都是完全属于你的，它是没有优劣好坏之分的一种特质，只要你善于发现，它便能够在适合的地方发挥作用。你只需要关注并接纳它们的存在。

如果有人问你，“你觉得幸福的生活是什么？”或者说，“你想要什么样的生活？”恐怕很多人都会张口结舌，无言以对。人的想法总是伴着时移世易的影子，这当然是我们不愿意承认或接受的事，尤其是那些以孤高自诩，目下无尘之人。但无论我们承认与否，生活永远带着变化的色彩。

对于刻苦求学的少年来说，生活的幸福来自父母的赞誉、师长的赞扬、同学的赞美；对于意气风发的青年来说，生活的幸福在于能力的提升、眼界的开阔、事业的成功；对于稳重成熟的中年来说，生活的幸福来自生活的富足、家庭的和睦、人生的平顺；而在知天命的中晚年时期，生活的幸福则来自天伦之乐、身体的健康、心态的坦然。有人说幸福在别处，穷其一生追求五彩斑斓的生活；有人则坚信，幸福在身边，便兢兢业业经营着自己的日子。幸福的生活其实只在你的本心。如果人能够追随本心，按心所向往的方式生活，也许幸福会在不知不觉间悄悄地降临。

李慧喜欢小孩子，大学毕业后就到幼儿园工作了。一次，朋友不解地问她：“整天面对一群小孩儿，又哭又闹的，你不觉得烦吗？俗话说‘家有半斗粮，不当孩子王’，你要不要再考虑换个工作。”李慧告诉朋友：“我喜欢和小孩子在一起，他们让我觉得这个世界是那么纯真那么美好，我很享受每天教小孩子认字，和他们一起唱歌做游戏，每当教他们学习知识时我都很有成就感。”

工作几年后李慧有了经验，也攒下了一些钱。回到老家办起了自己的幼儿园，把酝酿已久的想法付诸实践。虽然也有聘请来的老师专门负责管理，但李慧还是愿意和小孩子们一起做操，帮他们把脏兮兮的小手洗干净。李慧尽心为孩子着想的工作作风得到了家长的认可，很多人甚至慕名把孩子送到她的幼儿园里。

李慧明白，自己永远也不会成为多么了不起的人，也不会多有钱，在别人眼里不过就是个小小的幼儿教师。但是她从不会感到落寞，有什么比从事自己喜爱的事业更让人幸福的呢？

罗素说："致我们于不幸的，是自我中心；领我们到幸福的，是非自我中心。在非自我中心的视野下，自我与世界的对立消失了，人与物的对立消失了，意识界与无意识界的对立消失了，个人与社会的对立消失了，人类与宇宙的对立消失了，然后才有至高至大的幸福。中国人把这叫作大心体物。"不要把世俗的标准、他人的品评变成衡量自己幸福与否的标尺，而不去诚实地面对自己，忽视自己内心的声音。幸福的根本是心，它只是一种源自于心的感觉。幸不幸福是问自己的"心"，而不是看别人的"眼"，把自己的优势展示给别人，所获得的只是虚荣和面子，不是幸福。

6.当你专注于努力，就无暇借助虚幻美化自己

经常看到许多人在朋友圈一边晒各种美颜自拍，一边抱怨上帝对自己多么不公平。偶尔自恋一下，满足小小的虚荣心无可厚非。但如果花费大量的时间来美化自己以求得到各种赞，只会让虚荣心在内心疯涨。只有切实地努力，真正提高自己，你才能赢得别人内心真正的赞许。

周华是一个普普通通的技术员，心中向往当成功人士，想成为万众瞩目的焦点。但是周华出身不高，也不是名校的毕业生，才不出众，貌不惊人，没有什么很有竞争力的资本。

其实一无所有也没什么，只要努力也是能有所成就的。比如一直被津津乐道的阿里巴巴的创始人马云，最初也只是就读于一个名不见经传的杭州师范大学。他貌不惊人，却怀着齐天抱负。2014年他以218亿美元净资产，成为中国内地首富，北大出身的李彦宏则屈居第三位。

渴望轰轰烈烈的人生本无可厚非，但周华心中烈火熊熊，却不见有实际行动，每天对工作敷衍了事，业余时间也都是在打游戏中度过的。周华表现最多的就是“吹肥皂泡泡”，用PS将自己美化成一个西装革履、开着名车、住着豪宅、与社会名流往来的企业家形象。

几年过去了，周华还是在原来的岗位上做着原来的工作，事业有成的形象离自己依旧很远。

不用实事求是的态度去做一些脚踏实地的事情，反而依靠一些虚假浮华的东西来获得认同，这样的人生是可悲的。虚荣从本质上说是用美妙的借口来掩盖欲望，用强烈的姿态来隐藏动机。癞蛤蟆想吃到天鹅肉本身并不是一件好笑的事情，况且谁能保证自己不是别人眼中的癞蛤蟆呢？问题在于，天鹅肉是否真的是自己辗转反侧梦寐以求的，还是说单单用来显示自己的高贵和与众不同；问题也在于，我们是否真的为了天鹅肉做了点什么，而不只是说点什么；问题更在于，我们是否可以没有吃过却向别人炫耀自己吃过。虚荣就是一个矢量，从自己内心深处的自卑出发，指向别人的欣赏和认同，首尾两端都正常，只是中间的路径显得不太优雅。

青春给了你天不怕地不怕的勇气，就是要你去努力，要你去坚信，一穷二白有什么关系，穿廉价的衣服又怎么了，开一部烂车又如何，租不起好房间吃不起像样的晚餐又能怎么样，总有一天，你会依靠自己，成全你全部的梦想，拥有雷动的掌声。

提及李云迪，第一时间想到的多是“钢琴王子”的头衔——它象征着优雅、高贵和浪漫——还有他所开创的国际钢琴界那些历史：肖邦国际钢琴比赛73年来首位将金奖收入囊中的中国人；中国第一个“肖邦护照”的持有者；“肖赛”史上最年轻的评委……种种耀人的光环围绕着李云迪，将他称为“国人的骄傲”毫不为过。

所谓的“台上一分钟台下十年功”绝非空话套话，对于钢琴这项古典音乐事业更是如此。李云迪七岁时学钢琴，而他苦练乐器的历史还要再往前推进三年，那时是手风琴，他每天练琴五六个小时是家常便饭，陪练的母亲又是个从不放水的督导员。就这样二十余年如一日，李云迪的手指从未停止在黑白琴键间游走，特别是在演出之前，每天的练琴时间都要保证至少九个小时，所付出的汗水可见一斑。

他的启蒙老师回忆：“李云迪的课从来都完成得很好、很轻松，对音乐的感受力尤其显示出他的天才。”一个偶然的机会，李云迪被推荐给当时在四川音乐学院任教的但昭义教授。得遇良师使李云迪的音乐才华得到了充分的释放和发掘。但教授不断启发他对音乐的感觉，尤其是针对手指技巧方面的训练和培养，为他之后的演奏生涯打下了坚实的基础。

肖赛评委会主席亚津斯基说：“他长得太像肖邦了，更重要的是他把肖邦的曲子诠释得如此完美，你简直找不到任何瑕疵。”对于自己的成功，李云迪显示出超乎同龄人的成熟和冷静，他说：“我还很年轻，稳步扎实的学习很重要，音乐修养是需要慢慢积累的。音乐是一辈子的事，我将带着自信和毅力面对乐迷和时间的考验。”

上天对每个人都是公平的，它赋予了我们智力和动手能力，就是要让我们通过自己的头脑和双手来改造世界，创造属于自己的不同人生。我们今天所做的一切，都会深深地影响到自己的命运。俗话说：“种瓜得瓜，种豆得豆。”付出了几分耕耘，就会获得几分的收获。学会从工作中找到自己的乐趣，不仅能愉快地面对生活和工作，同时还能为自己带来良好的表现和业绩，赢得领导的重视和提拔，最终实现自己的人生目标和价值。又何须靠虚荣为自己营造一个幻境呢？

第五章

爱得纯粹一点，别让爱情输给面子

1.举债打造的豪华“高大上”婚礼

2015年7月，网上发起了“为面子和虚荣心举债打造奢华婚礼，值吗？”的投票。其中60%的网友认为，无法理解，没钱就不应筹办超过预算的婚礼；30%的网友认为，可以理解，毕竟一生就这一次，还不奢侈点；10%的网友认为，或许会迫于家里的压力和面子负债举办婚礼。

婚礼的铺张、大操大办引起了社会越来越多的关注。上海婚庆行业协会最近针对200家婚庆公司随机抽取了一万对新人进行调查。结果显示，包括拍婚纱照、买珠宝首饰、摆酒席、请婚庆公司、蜜月旅行等项目，上海人一场婚礼平均花费已高达16万，比三年前翻了近三番。

婚礼、婚宴、婚车都只是瞬间风光，真正实用的锅碗瓢盆、房子、家用电器等花费还根本没算在内。追求完美是所有人的向往，希望终身大事留下美好记忆也无可厚非。然而，上述惊人数字折射出的婚礼之奢华，还是不禁令人倒吸一口冷气。在婚礼上出手阔绰，大肆铺张，这不仅是因为人们对爱情、婚姻的重视，更因为很多人认为“人活一张脸”，面子大事万万马虎不得。因而，哪怕倾其所有或举债，也得潇洒走一回。

陈彤彤在郊区租下一间小房间。房东的小儿子王明虎与陈彤彤同龄，在镇里打工。他有意对陈彤彤表白，却总觉得自己配不上她。知道自己家要拆迁后，王明虎终于鼓起勇气表白："我们家有600平方米，拆迁的话相当于5套房子！跟了我，你这后半辈子都不愁了。"陈彤彤就这样和王明虎确定了恋爱关系。

很快，婚礼就提上了日程。但由于拆迁还没正式定下来，王明虎就找亲戚借了50万元，为陈彤彤筹办了一场盛大的婚礼。这场豪华的婚礼让陈彤彤觉得自己的决定没有错，至于这笔欠款，王明虎也自信将来能用拆迁款填补上。

可是，拆迁的事却发生了变化：拆迁办说王明虎家的房子有许多是违章建筑，真正有效的面积只有两百多平方米，拆迁后只能分到两套108平方米的住房。此时，家中积蓄早已被王明虎败光，办婚礼借的50万元外债也一分钱都没还上。最初的五套房缩水成两套，陈彤彤掩饰不住内心的失望和愤怒，和王明虎大吵了一架。

一次偶然的机会，陈彤彤与曾经的男友李天雷重逢。李天雷表示自己到现在还是不能忘了陈彤彤，而且一直以来也是单身，两人于是重燃爱火。陈彤彤借口"感情不合"与王明虎离了婚。

王家的拆迁房终于分下来了，一套给了父母，一套归王明虎的哥嫂。除了一身债务，王明虎一无所有，而且亲戚们纷纷上门要债，落魄的王明虎将怒火全部集中到李天雷身上。

王明虎拿了一把水果刀放在包内，来到陈彤彤的新家。陈彤彤让王明虎"赶紧走"，不耐烦的态度彻底激怒了这个穷途末路的男人。看着曾经仰慕的女神、曾经的爱人对自己如此冷淡，王明虎猛地掏出水果刀刺向陈彤彤，陈彤彤尖叫一声栽倒在地，因失血性休克死亡。

现在的婚礼大都十分豪华，而且喧宾夺主的插曲繁多，容易将公众的注意力从新郎新娘身上转移开。有的夫妻不顾自身的经济条件，婚礼大操大办，宴罢归来，已是债台高筑，心力交瘁，哪有心情去享受新婚的喜悦。

许多老一辈人甚至根本没有婚礼，却一样"执子之手，与子携老"，恩爱美满地度过一生。简单也是美，都说"淡妆浓抹总相宜"，所以关键还是看自身，重在内质。量力而为叫明智，打肿脸充胖子的就是傻瓜。

李光羲曾凭借《周总理，您在哪里》《祝酒歌》《北京颂歌》等经典歌曲而成为歌坛泰斗，与妻子王紫薇从上世纪50年代携手到如今，是文艺圈内的模范夫妻。

两个人因为对音乐的爱好而走到一起。1958年1月，正是北京最寒冷的时候，在北京歌剧院狭窄的职工宿舍里，洋溢着融融的喜气。李光羲和王紫薇在朋友的祝福声中结为连理，没有喜宴，没有隆重的场面，只是给朋友发了些喜糖，就算举行过婚礼了。

一次，王紫薇过生日，正赶上国庆节，离发工资还有四天，家里只剩下两块钱了，可李光羲执意要为妻子过生日。他知道妻子喜欢大自然，于是，两个人一路说笑着来到颐和园，花两角钱买了门票。在颐和园里，他们手牵着手，一边走一边观赏着公园的美景。从颐和园出来后，他们在小摊上买了一份炒饼，两个人香香地吃着，就算是吃生日饭了。事隔几十年，他们都没有忘记这次难忘而有意义的生日。

李光羲因工作性质的缘故，经常要与女演员合作、配戏，在文艺圈里，因为这种男女之间的合作所引发的家庭纠纷屡见不鲜。王紫薇却非常理解李光羲，并相信他的人品，她一直都十分支持丈夫的事业。李光羲说，有了王紫薇做他的后盾，他才可以全身心地投入歌唱事业中。

几十年了，他们不仅恩爱如初，还将三个女儿都培养成才。大女儿李棠从解放军艺术学院毕业后到战友歌舞团工作，1987年赴美国学习，获得了音乐硕士学位。二女儿李和核从北京师范学院艺术系毕业后，在北京工业大学艺术教研室任教。三女儿李纳新从北京联合大学毕业后与丈夫一起到日本发展，现也定居国外。

婚礼只是一种形式，今后的幸福还需要夫妻双方的共同努力。而且每一个参加婚礼的亲朋好友也绝不仅仅是为了吃一顿饭，为了看你的婚礼有多么震撼而来，大家只是想看到一对新人把爱情、亲情、友情演绎出来，为新人的故事而感动而已。为了一时的面子举债举行豪华的婚礼，则是本末倒置的做法。

2.爱情和金钱，你选择哪一个

一部分女人认为丰厚的物质条件便是对自己最大的保障，婚前都有着一份不凡的“野心”，总希望一嫁解千愁。毕竟一个整日为温饱发愁的女人是没有安全感的。情感专家苏芩曾说过：“钱，其实给不了女人安全感。”钱只是心理有距离的人之间的一种交易，而相爱的人之间是没有距离的。爱情慰藉人的心灵，金钱支撑的只是面子。

爱情是可遇而不可求的，而金钱只需要用智慧和双手去辛勤劳动就可以创造。可以通过智慧和劳动创造的东西，若暂时未拥有，可以继续努力争取，只要机遇和方法对了，总有一天，终究可以得到。但可遇而不可求的东西，一旦错过了，或许就再也没有第二次机会了。

甘菊青和老公邓琪都是普普通通的上班族，认识一年多后，两个人结婚了，租了一间小房子，在这个陌生的城市中安了家。

老公包揽了家里所有的事，还常常开玩笑地问甘菊青：“你什么时候才能长大成个‘大小孩’呀？”有时甘菊青任性耍脾气，邓琪就无奈地说：“真是身在福中不知福啊！”邓琪每天只要一有时间就给甘菊青打电话，如果哪天要加班得晚一点回家，也会在固定的时间给妻子打电话。如果下班早，回到家就开始做饭。甘菊青只要在楼下看到家里厨房的灯光，心里就很踏实，那昏黄的灯光成了她每天的期待。

晚饭后，夫妻俩都会用“石头剪子布”来决定谁洗碗。一切收拾好了，两个人就围坐在沙发上玩扑克牌，输了就要受惩罚。老公唱歌很好听，有时甘菊青就故意使坏让他输，每次听老公唱歌的时候，甘菊青都会大声叫喊：“再来一个！”这时邓琪一定会停下来，故意板着脸说：“当我是傻子啊，让我唱我就唱，没门！”说完两个人一起大笑起来，笑声一直萦绕在温馨的小屋里。

邓琪出差前总会检查家里所有的插头、电源之类的，再仔仔细细地为妻子演示怎样从里面把门锁好，然后要求甘菊青按着他说的再做一遍，直到他确定笨手笨脚的妻子真的弄明白了才放心离开。

一次闺蜜和甘菊青聊天，问她放弃曾经追求她的富二代，现在过着普通的生活，有没有后悔。甘菊青说：“虽然老公只是个平凡的人，可在我心里，他却是我的全部。虽然我们也有过争吵和不愉快，可一想到他的好，所有的不愉快就都烟消云散了。无论我们以后的生活是清贫还是富有，我都会陪他走完这一生，祈祷下辈子还做他的妻子！”

哪个女人不喜欢名牌服饰，用明星才用得起的化妆品？哪个女人不喜欢豪华别墅，当阔太太？即使没有渴求这些，她们也希望自己的钱包鼓鼓的。但金钱满足的是物质上的需要，而人普遍还有情感上的需要，我们需要感受到爱和幸福。幸福感是一种很主观的内心感受，它无法用金钱换取，也不能用作你炫耀自己活得好的资本。

3.爱上冒牌“高富帅”

2014年上映的电视剧《何以笙箫默》火爆荧屏。有网友称，十个女人中，八个会沦陷，没沦陷的那两个，一个不看八点档，还有一个在一个收不到电视信号、上网又很贵的偏远山区流浪。因为男主角何以琛满足了女生所有的幻想：住在江景房，开着宝马车，身为金牌律师，事业上无往不利，连商业对手都能拼命为其点赞，生活中多金且对你很大方，十年深情如一日。这种专一又痴情的高富帅，是无数女孩子的理想恋爱对象。“如果世界上曾经有那个人出现过，其他人都会变成将就。”掷地有声的话语打动了多少女观众的心。

每个女孩都渴望遇到一个深情的白马王子，在当代，白马王子对应的自然是高富帅，谁不喜欢英俊多金的男人对自己一往情深呢？但是要提高警惕了，当心冒牌高富帅的不请自来。

田岚岚利用互联网交友方式认识了郑多民，郑多民告诉她，他们家是开煤矿的，住在高档住宅区内，想和她交往。田岚岚见郑多民英俊高大，家境富裕，觉得有这样一个男朋友很有面子，就接受了所谓“高富帅”的追求。两人确立了男女朋友关系。

郑多民在骗取了田岚岚的信任后，先是以资金周转出现问题为由，向田岚岚借了三千元钱。不久，又以家里出事急需用钱为由，借了十多万。再后来，又多次以跑银行贷款活动关系为由，借了七万多。而前前后后郑多民只还了田岚岚三千块。后来田岚岚再想找郑多民时就联系不上他了，意识到自己被骗后，田岚岚赶忙报了警。

等到她向公安机关报案时，才发现郑多民在与她交往时使用的是假名，她甚至都没有看到过郑多民的身份证。并且假郑多民有一个没领结婚证的妻子，和两个孩子，家里也没有开煤矿，只是一般家庭，且生活拮据，没有能力替郑多民偿还债务。

经审理，法院认为郑某的行为已经构成诈骗罪，判处有期徒刑14年2个月，并处罚金10万元。

根据某项调查显示，81.2%的人感觉时下年轻人择偶时更青睐“高富帅”“白富美”。在受访者中，80后占52.3%，70后占22.1%，90后占18.7%。

平心而论，青年男女找对象时，都会有些理想主义，只要不过分，这也很正常。毕竟要找的是一个预备要过一辈子的人，谁都希望对方完美无瑕、出类拔萃。而金钱、地位、外貌，是一个人是否优秀的最直观的证据。选择一个出众的伴侣，是一件很有面子的事情。每个人都想要面子，但在爱情面前，太要面子，往往不能收获自己所向往的幸福。面子固然重要，可比起爱情它却太轻了。太在乎自己的面子而忽略了爱情，只能说明这份爱不够纯粹，说明还是不够爱对方或者更爱自己。太在乎表面的东西往往会令我们错失更为重要的东西。

蒋小静是个美女，虽然出身不高，但是从不缺乏追求者，其中更不乏“财”貌双全的高富帅。但她却选择了一个身材、相貌、收入都普普通通的男孩子结婚，在二线城市定居，过着平淡的生活。这让蒋小静之前所有的追求者都大跌眼镜。被闺蜜问及缘由，蒋小静的看法是：“有手有脚总不会被饿死，长得再好看，再有钱，性格合不来也是白搭，所以我只找我喜欢的，纯粹的爱。合得来的，开开心心过一辈子就好。”

闺蜜提醒蒋小静，这样一个平凡的男人会让她以后很没面子。蒋小静笑着摇摇头：“老公很疼我，我觉得我现在很幸福，这就够了。日子是自己过的，幸福最重要。”

无论是高富帅还是白富美，总是脱离不了一个“富”字。也就是说，无论男女，金钱都成了他们在选择对象时最看重的条件。物质泛滥的背后，不可否认的深层原因是现在大城市里的年轻人，比上一辈人更没有归属感。相对于上一辈人来说，现在的年轻人生存压力比较大，而且对高质量的生活有更高的追求，所以越是发达的城市，未婚男女的择偶观越是趋向于现实以及物质化。现在大城市里的年轻人，大部分来自于不同的地方，“外地人”三个字表示他们在本地没有任何依靠，所以这一群“外地人”更加渴望在城市里扎根，他们渴望一种归属感。为了找到这种归属感，为了让自己体面地活在大城市里，以婚姻为跳板是最便捷的方式。

爱情的伴侣，是灵魂的寄托，是悲伤时的抚慰，是快乐时的分享。婚姻的伴侣，是生活中承担责任的伙伴，是一个让我们感到自身责任重大，而又觉得可以与对方相互依靠的人。选择对象时一定要根据实际情况考察，不要让理想主义膨胀成一个陷阱。

在选择另外一半时，尽量不要选择双方条件反差太大的，因为在生活中容易造成摩擦，最后导致感情生变。最好是根据自身的条件理性选择，选择价值观一致，能够欣赏对方个性的，选择相处起来最舒适的。因为只有从自身实际出发选择的另一半，才能经得起岁月和风浪的考验，才能与你相濡以沫，白头偕老。只有最适合的，才是最好的。

4.男人的身高有多重要

女人从小时候开始就会朦胧地幻想自己的白马王子，开始为择偶条件增加明目，大多都是一开始要求英俊干净，之后更注重工作稳定、有幽默感又没有家庭负担，最后有时一切都可以不要，但还是念念不忘加上身高的要求。

人们已经习惯了男高女矮的情侣，偶尔有一对女高男矮的特例出现，就会让路人侧目，自己也会感到有压力。人都是爱面子的，哪个女人不想找个高大帅气的男友，成为别人羡慕的焦点呢？但身高真的是一个不可让步的因素吗？比如，面对一个高大俊朗却缺乏责任心的男人和一个个头比你矮却能为你扛起一片天的男人，你会如何选择？

其实女人对男人的身高要求与我们的社会观念有关。有那么多的爱情故事以及情歌都提及“靠在他宽广的胸膛上”，这个动作已经说明了高度的重要性。似乎男人的胸膛够宽，肩膀够厚够结实，那之后的日子就没有忧愁了。

但其实还是有很多事情比身高更重要的，比如他的真心，他的能力，当然，最重要的还是两人之间的缘分。如果你真的恰好爱上一个不高甚至比你矮的男孩，请把眼光放开，告诉周围的人他是你的唯一。毕竟说到底，对男人高度的要求只是停留在面子上，尽管高度有反差，爱情却一点都没有减少。既然如此，为何不能为自己的真心活一回呢？

李亚男的身高是175cm，王祖蓝的身高是163cm，李亚男比王祖蓝高12cm。王祖蓝曾对媒体说，2005年初识李亚男时从未想过追她，因为她太高太美，而自己在进入娱乐圈之前可以说是个“悲剧人物”，甚至曾因外形问题追不到女孩而自卑。他还一度吃不到葡萄说葡萄酸，不肯承认李亚男美，甚至说自己“不喜欢她”。

在一次教会聚会中，王祖蓝的妈妈初见李亚男，就忍不住对李亚男说：“哎呀，李小姐，你好美哦！”这让王祖蓝不禁仔细端详起李亚男来，“我以前从来不觉得她美的，然后再看，还真是挺美的。”于是他鼓起勇气对李亚男发动攻势。李亚男向来追求者众多，谈到女友条件很好很多人追求时，王祖蓝承认打败的劲敌超过五个。2010年11月，王祖蓝在网上幸福地公开和李亚男的恋情。

几年后，王祖蓝在TVB的四十八周年台庆现场向李亚男求婚成功。双方父母均到场，现场艺人纷纷恭贺。婚礼开始前三天，王祖蓝在微博晒出婚纱照，李亚男于蓝天白云大海之前将手臂轻搭于王祖蓝的肩上，微微低头亲吻仰起脖子的王祖蓝——这也是大众视野中他俩表示爱意的常见景象，以一种似乎性别颠倒的姿势。也许直到今天，仍有人会为他们的“最萌身高差”感到惊讶，但惊讶之外更多的或许是赞许与祝福，毕竟，相爱没有那么简单。

一个男人能不能给你幸福，完全不取决于他的“身”有多高，而取决于他的“心”有多高。高大威猛而窝窝囊囊的男人不少，个头矮小而坚强勇敢的男人也不在少数。

在选择爱情、选择婚姻的时候，不妨扪心自问，男人的身高以及其他的附加条件，真的比真情还要重要吗？说到底，很多时候我们只是无法摆脱面子的束缚而已。所以，不要因为男人的身高限制了自己对幸福的追求。

5.与其找个有钱人结婚，不如自己做个有钱人

“嫁个有钱人”的话题，正大范围地在女白领群中引发争论。新浪网对此问题的调查显示，93%的女人都说想，只有7%的女人说不想。这个数据从某种程度上反映了女人们对爱情和婚姻的心态。

有人说结婚是女人的第二次投胎，这让女人在选择结婚对象的时候总是小心谨慎。因为出生在什么样的环境虽然不可以选择，但是嫁人是可以自己选择的。如果嫁给一个富有的老公，自己就可以一生无忧，享受优越的物质生活。所以，很多女人把婚姻当成了赌注，想借改变现有的条件，过上更好的日子，让自己更有面子。

大学毕业后大家纷纷奔向各自的工作岗位，希望通过自己的努力过上幸福体面的生活。石兰想，自己一个普通人家的孩子，一穷二白的，在这个大都市里要奋斗多久才能过上体面的生活啊，自己长得又不赖，为什么不靠外貌走捷径呢?

她遇到了40岁的华强，华强比她的父亲小不了几岁，可是石兰不在乎，因为华强很有钱，而且出手阔绰，每次送石兰的礼物都不下千元。她穿着华强给她买的名牌，戴着华强给她买的首饰，陪他出入于各种高级场合，心里

满足极了。华强与妻子已经离婚，石兰想如果自己能嫁给这个男人，那么这辈子就不用发愁了。

两年过去了，石兰在一个商场偶然碰到了曾经有好感却因为对方家境贫寒而没能在一起的白涛。俩人在附近的咖啡馆坐了一会，白涛看石兰虽然一身的珠光宝气，却完全没有了以前的神采飞扬。她的眼神是忧郁伤感的，她说华强总是一连十几天不回家，并且又在与另一个漂亮女孩交往。

白涛听了心里非常难受，就说："石兰，离婚吧，我们在一起好不好？"石兰其实很想和白涛重拾当初的美好，但是看着白涛许久，还是摇了摇头说："不，我已经习惯了现在的生活，我不能没钱……"

白涛无奈地低下了头，他现在的月薪也不过5000元，每个月还要给上大学的弟弟寄1000元，他知道他给不了她过惯了的锦衣玉食的生活。

白涛趁石兰去洗手间的机会去结帐，没有想到帐已经结过了，服务员告诉他结帐的人已经走了。白涛追出去，石兰的那辆法拉利果然已经不见了。

听说，人出生时都是被祝福过的，可是，在后来的人生道路中，人却会因这样那样的因素而将自己的幸福弄丢，虚荣就是其中一个因素。

嫁个有钱男人自然好，但要以男人真心爱你为前提，而不是只为满足自己的面子。凡事都有两面性，有得必有失，重要的是把握好自己，感情才是美满婚姻的基础。

冷瑾萱外貌姣好，身材高挑，是一个漫画家，身上又有艺术气质，身边自然追求者众多，其中不乏家境优越的男孩子。但冷瑾萱毫不在意，一心一意地工作，独自一人在大城市里打拼，一个人上班，一个人下班，一个人吃饭，一个人睡觉。从靠着别人刊用几百块一张的画开始，画了五六年，现在靠着网络和杂志的连载，收入稳定在每月一万多，而且时间自由，能够做自己的事情。她还给自己买了个小房子，又买了个小车子。

在一次读书会上，冷瑾萱结识了同样喜欢国学的乔伟，两人相识后不久便坠入爱河。乔伟喜欢的不仅是她的迷人的外表，更是她身上自立自强，坚忍不拔的性格。而冷瑾萱也很高兴能遇到一个在生活上和精神上都很合拍的伴侣。

在爱情和婚姻上，如果把物质作为择偶的标准，是绝不可能得到真正的爱的。都说“干得好，不如嫁得好”，嫁个有钱人从此过上“出有车，食有鱼”的日子是很多女人的梦想。但是，如果你仅仅为了过上奢侈的日子而选择嫁给有钱人，那你一定会为此付出青春的代价。金钱可以买到很多东西，但绝对买不到真爱和幸福。

其实，女人有虚荣心并一定是件坏事，更不可怕，每个人多少都会有虚荣心。适度的虚荣心完全可以让人奋发向上，努力去创造自己想要的生活，成为一个独立自强的人，拥有岁月打磨出的迷人魅力，经济独立，人格独立。如此才能得到其他人的尊重和欣赏，才能得到真正的幸福。

第六章

追求内心的丰盈，里子比面子更重要

1.为减肥生生把自己饿死的姑娘

电游女主那种火辣身材让不少身材平平的女性艳羡不已。不过，美国一家医疗机构用PS技术处理了一系列经典电游女主形象，《古墓丽影》中的劳拉、《光晕》中的科塔娜、《最终幻想》中的莉可等角色的身材变得和普通美国女性相似，腰和腿变粗了，有的还挺着小肚腩。该机构的宗旨是倡导健康生活，防止饮食紊乱。

卡伦·卡朋特是位很有才华的艺人，自幼成长于良好的音乐环境之中。1970年，她和哥哥组成的乐队发行了专辑*Close To You*，专辑中的同名歌曲荣登排行榜榜首。从此，她的演唱事业蒸蒸日上，不断有佳作问世。

“When I was young I'd listen to the radio，waiting for my favorite songs. When they played I'd sing along，it make me smile……” *Yesterday Once More*的旋律陪伴我们度过了无数个日日夜夜，打动了无数人的心。

无论歌声还是人品，卡朋特都是无可挑剔的。她是一个极度的完美主义者，一生从未放纵自己，滴酒不沾，更不碰毒品。她的纯洁在娱乐圈里实属难得。

然而卡伦·卡朋特却因减肥不当患上神经性厌食症而死，死时只有三十二岁，这个毕生追求完美的歌手，最终成了厌食症的牺牲品。卡伦其实并不胖，但她不能容忍一丝一毫的不完美。她对社会主流审美的迎合远远超出了正常限度，成了一种病态，最终导致了自己的悲剧。

其实骨感未必等于美丽，只要维持在健康水平，适中就好。每个人的骨骼构造和体质都不同，若都按照同样的身材标准要求自己，未免太过苛刻。

一些专业美学人士经大量测量和研究得出的完美性感身材标准是这样的：胸围是身高的一半，腰围比胸围小20cm，髋围比胸围大4cm，大腿围比腰围小10cm，小腿围比大腿围小20cm，足颈围比小腿围小10cm，上臂围是大腿围的一半，颈围与小腿围相等。测量一下不难发现，这样的比例并不是现在流行的那种很骨感的身材。

霸气女神范冰冰从来不介意别人说她胖，身边的工作人员更是常常开玩笑说范爷的服装都要加大码，她还有个绰号叫“范小胖”。如果玛丽莲·梦露瘦得只剩皮包骨，那她也就不是全世界人民的女神了。

此外，网上同样流传着一些幸福女人的新特征：圆脸、下巴丰满、臀大、腿不能细、小腹稍有脂肪、性格开朗、乐观大方。所以，让能放硬币的锁骨和A4腰见鬼去吧，珍惜自己的健康，保持最适合自己的身材，大方微笑，你就是最美的。

2.想要大咖们的光鲜，先要有他们强悍的小宇宙

很多人都羡慕成功人士的生活，住豪宅，开豪车，“谈笑有鸿儒，往来无白丁”。殊不知，这些辉煌背后是艰苦的努力和不懈的坚持。没有任何成功是轻轻松松获得的，没有哪个成功的人是没经过苦难洗礼的，正所谓“没有谁能随随便便成功”。

华文云和很多年轻人一样有着自己的梦想，他的梦想是成为企业家。大学毕业后，华文云也加入求职的大队伍中。作为一个应届生，在用人单位的眼里自然不是“千金难得”的人才，那些企业给出的都是基层的职位和微薄的薪水。华文云自命不凡，面对这样的“出价”很是不爽，一气之下回到家里，不去找工作。

华文云想：与其在人才市场上被人像萝卜、白菜一样挑来挑去，不如直接创业。他向父母要了5万元钱作为创业基金，做了一段时间后发现创业比找工作还艰难，早出晚归不说，最让他接受不了的是在开发市场的时候，客户拒绝自己的态度非常坚决，甚至是很无礼的。相比之下，招聘会上的人对自己要客气多了。华文云哪里受得了这样的委屈，于是放弃了创业，回家每天睡到自然醒，醒来后吃个午饭时间的早饭，打打游戏，一天不知不觉就过

去了。每次听到有人升职，或是跳槽到更大的公司时，华文云总是一副很不屑的态度，认为那都不足挂齿。

时间过得飞快，三年转眼过去了，华文云还在家里一边啃老，一边鄙视他人并自我陶醉，而那些曾经被他鄙视的人很多正实现着企业家的理想。

有时候你会觉得自己很辛苦了，很多人已经进入梦乡，自己却还在工作。但是这个世界上比你辛苦的人还有很多，比你努力的人也还有很多。你觉得自己缺少的是机会，那是因为你忽略了身边可以助你成长的基石。成功的人都是懂得努力的普通人。只有内心够强大的人，才能从逆境中挣扎着走向成功。所以，停止抱怨吧，用耐心和专注让自己强大起来，那是成为一个不平凡的人的必备条件。

华人女明星中在国际道路上走得最顺利的无疑是章子怡。从1998年到2008年，章子怡用十年完成了很多平常人做梦都不敢想的事，实现了人生的奇迹。十年，从零开始，通过15部电影，至少23个奖项，从中戏的普通学生成长为国际红毯的巨星。

章子怡出生于北京一个普通的工人家庭。8岁时，她走进了宣武区少年宫学习舞蹈。因身体柔软度不好而成为老师眼里的“差生”。为了能练好舞蹈，她不但白天努力，晚上睡觉的时候也会把腿压到肩膀上，盖上被子睡觉。但是这样的努力并没有换来理想的效果，章子怡还是比自己的同学差一截。

虽然舞蹈上没有进步，章子怡却在这个过程中练就了坚韧不拔的品质。1998年，她被张艺谋相中，出演电影《我的父亲母亲》。在拍摄中，她竭尽全力演好每一个镜头。银幕上的她，穿着红色碎花小棉袄，围着红色的围巾，扎着绿色的头绳，清纯而朴素。她成功塑造了一个在非常时期为爱痴狂的农家女孩，并以此角色获得百花奖最佳女演员奖。

正如她在接受采访时所言：“我觉得必须内心很清晰，自己在做什么，自己的价值观是什么。当你很模糊的时候，你很容易就被带跑了，你可能就完全丢掉自我了。要很清楚你追求的是什么，别忘了你最初出发的时候，你想要的是什么东西，这个是需要一个过程的，怎么样强大自己的内心。我自己也是个很坚定的人。”正是凭借这样强大的意志，她才取得了那样瞩目的成就。

也许有的时候，我们无法确定自己的目标，没有关系，不用觉得懊恼，生活就是一个认识自己、发现自己的过程。总有一天，你会找到那个你想要实现的自己。光阴经不起虚度，不要让自己在等待中荒废生命，你可以做的事情有很多，即使这些事情看起来很平淡。只要内心知道自己想要什么，并坚持努力，即使现在觉得眼前迷雾重重，我们依旧可以看到内心的一米阳光。只要懂得经营自己的心灵，只要内心强大，什么都不是难事。

内心强大的人有自己的定见，不会轻易被外界的舆论影响。不论身边发生什么样的事情，经历了多大的变化，都不会心猿意马，而是始终固守着内心的坚持，这是一种难得的心理状态。而当你坚定地向目标前进时，所有人都会帮你。

3.不停阅读，你的内涵就会提升

高尔基曾说：“学问改变气质。”一个有文化、有内涵的人，谈吐不俗，仪态端庄，心中有美丽的琴弦，即使是独自漫步，也不会寂寞与孤单，无论走到哪里都是一道靓丽的风景。知识能陶冶情操，让人变得温文尔雅，善解人意，内涵自然也就提升了。平时多读书的人举手投足间便会显现“腹有诗书气自华”的优雅。

周天羽的时间和金钱几乎都全部用来打扮自己了。她每天出门前一定要精心打扮一番，完美的妆容和发型自是不必说，衣服、鞋子、佩饰，整体的感觉要协调一致，一定要确定自己足够美丽才会走出家门。

一次周天羽和曾经的好友相遇，两个人坐在咖啡厅里聊天，周天羽发现朋友现在出口成章，见解独到，让人眼前一亮，和记忆中那个懵懂无知的小女孩判若两人，相比之下自己则大脑一片空白。询问其原因，好友告诉她，自己现在没事就会看看书，听听新闻，无形之中便提升了内涵。

周天羽觉得一开口就让别人看出自己的肤浅是一件非常可怕的事情，头脑的充实才是真正的美丽。追求内心的丰盈，阅读经典名著，获得思想的提高是关键。之后，她从书店搬了一堆书回家。

在《平凡的世界》里，周天羽思考着，生活的真谛是什么？人活着是为了什么？我们究竟该怎样去对待生活？在《挪威的森林》里，周天羽感受到生命的悲哀与无力，和主人公渡边一起孤独困惑，面对成长的无奈、无聊。在《穆斯林的葬礼》中，周天羽看到一个穆斯林家族六十年间的兴衰，三代人命运的沉浮，两个发生在不同时代、有着不同内容却又交错纠缠的爱情悲剧，华夏文化和伊斯兰文化的撞击和融合中独特的心灵感悟，在政治、宗教的氛围中对人生真谛的困惑和追求……

一段时间下来，周天羽的打扮也换了风格，她开始以朴素安静的形象示人。如果说以前只是美丽，那么现在更多的则是迷人。

做一个有内涵的人，相信是绝大多数人的心愿。毕淑敏告诉我们："读书使人优美。"读书的时候，人是专注的。因为在聆听一些高贵的灵魂的智慧之语时，人会不由自主地谦逊起来。读书可以使人形成恭敬的态度，你会知道这个世界上可以为师的人太多了，渐渐的你会越来越善于倾听。而倾听，是让人神采倍添的绝佳方式。所有的人都渴望被重视，每一个生命都不应被忽视。你重视了他人，魅力就降临在你双眸。

读书的时候，常常会会心一笑。那些智慧和精彩，那些英明与穿透，让我们在惊叹的同时拈页展颜。读书让我们知道了天地间的很多奥秘，也了解到还有更多的奥秘不曾被揭露，我们就不敢再目空一切，睥睨天下。读书其实很多时候是和死人打交道，图书馆堆积的基本上都是思索者的木乃伊，书店里出售的大部分都是亡灵的墓志铭。你在书籍里看到了无休无止的时间流淌，你便不敢再奢侈地浪费一点光阴。当你把他人的智慧加上自己的理解，恰如其分地轻轻说出的时候，你的红唇一定比任何色彩的涂抹都显得更加光艳夺目。

无论男女，多读点书总是有益无害的。因为要想让自己得到人们的欣赏和认同，就必须要有丰富的内涵和素养，让自己内在的涵养和气质来弥补因岁月流逝带走的青春，让坚实充盈的内心散发出迷人的光彩。这是高档服装和名车的武装给不了的。崇尚知识，重视学习，不断地接受新思想、新观念，才不至于被突飞猛进的社会所淘汰。否则，物质上再富有，精神田园也是一片光秃秃的荒漠。

选择那些能够激活感性、启发知性、锤炼理性的书籍来读，一本书，一条哲理，潜心研读后，能让人冷静地思考，躁动不安的心自然就安定下来了。读书学习有着特殊的规律，必须经历一个吸收、转化、升华的过程，只有下苦功夫、细功夫、真功夫，做到博学、审问、慎思、明辨、笃行，才能真正做到精通。

精彩人生不是上天的恩赐，而是后天逐渐修炼的结果。而它主要来源于智慧，来源于知识，来源于修养。有魅力的人始终是充满书香气息的，有一种渗透到日常生活中的独特品位，谈吐之间也有一种超凡脱俗的韵味。从心灵深处溢出的独有的人格魅力，才是一个人真正的迷人之处。

4.安静中，不慌不忙地坚强

“温柔要有，但不是妥协，我们要在安静中，不慌不忙地坚强。”林徽因，一位气质如兰的女子，始终清醒自持，所以会有那么多的男子甘愿做她裙裾边的一株小草，深情相随。

花开一季，人活一世，一辈子真的很短。蓦然回首，惊觉岁月忽已晚，每个人都在不声不响的改变中悄悄地成长并老去。不知不觉中，那些曾经的激情和执着，那些曾经的天真和梦幻，慢慢都离我们而去。渐行渐远的回望里，那些痛过的，都演绎成了坚强；那些念念不忘的，都定格成了风景。安静中，心也渐渐沉寂下来。或许是棱角平了，或许是成熟稳重了，日子越来越平淡，脚步也越来越踏实。

安静是一种状态，要的是厚积而薄发。也许今天我们还会受到压制，受到不公平的对待，但是我们可以暂时隐忍，卧薪尝胆，不慌不忙地积累力量，总有一天，我们将变得强大。

十年前，一部前无古人，现在看来也是后无来者的喜剧《武林外传》不仅乐翻了全国观众，也捧红了一票主角。你肯定猜不到，这部给无数人带来快乐的剧作，其实是闫妮在人生中最悲伤的时候拍完的。戏里那个满面春风，笑容妩媚，身段多情，给所有人带来正能量的佟掌柜，戏外却遭受着婚姻的失意。然而拥有超高专业素质的她，并没有让生活的不如意影响到工作。

大家都知道，金星的眼光是出了名的严格和挑剔，能被她欣赏的人一定是佼佼者。但是在《金星时间》的一期节目里，金姐一见到闫妮就直呼“最喜欢的女演员”来了。当得知闫妮觉得中年再度谈恋爱肯定会遇到很多问题时，金星不仅现场传授约会秘籍，更是直言让闫妮多来上海，好向她提供帮助。“不慌不忙的坚强”，这句闫妮朋友形容她的话，真是再合适不过了。

有位作家说过：人生的路，总归还是要自己安静地走完。人生之事，不管你愿不愿意，它都要发生，你只能接受，只能面对。以一颗平静的心，去接纳我们所不能改变的事物，去改变那些有可能改变的东西，学会自我救赎，如此，我们就会多些快乐，多些幸福。你要始终相信，虽然生活会让我们遍体鳞伤，但到后来，那些受伤的地方一定会变成最强壮的地方，而路上那些孤单寂寞的时光，都将使我们变得更加从容和坚强。

人总是会随着阅历的增加而对人生有更加深刻的体会。如《小妇人》里马区夫人对女儿说的：“眼因多流泪水而愈益清明，心因饱经忧患而愈益温厚。”只有历经人生艰辛，饱经世间坎坷的人，心灵才会真诚、温和而宽厚。也只有历经生活磨难的人，才会愈加刚毅坚强。

要学会自己去理解生命的实质，知道快乐背后也会有遗憾。当我们战胜了悲伤与疼痛，我们的人生定会如盛夏的日光一般透彻明亮，光芒万丈。只要心足够明媚，纵然有小小的阴霾也无妨。于喧嚣红尘中，固守自己心中的那一方山水田园，不去担心季节会不会变老，日月会不会幽暗。安然端坐在岁月的一隅，“任他明月下西楼”，“淡看一季绿肥红瘦”。让生活从此云淡风轻，静静地，享受一个人的春花秋月，山高水阔，在安静中，不慌不忙地坚强。

5.当你忙着学习，就没时间虚荣

真正的强者在于内心的强大。一个内心强大的人，才能真正无所畏惧。也只有内心足够强大，我们才能做到宠辱不惊，不论外界有多少诱惑，都心无旁骛，只固守着内心那份坚定。只有内心世界充实的人，才不会去刻意追求华丽花哨的东西，也没有时间爱慕虚荣。心理强大不是说出来的，它来源于人的知识、能力和修养，非学习不可得。

几本好书、几部好电影对你产生的效果也许不会立竿见影，但它们一定会在你的人生中留下一些痕迹，在不知不觉中影响着你的人生抉择，甚至改变你生活的方向。

苏斌今年43岁，中等身材，气质儒雅。从青年到中年，生活上发生了很多变化，唯一不变的就是他对书的酷爱。“我的藏书有几千册吧，种类还算多。”苏斌淡淡地说道。经典名著、哲学、历史等门类他都有涉猎，最特别的是他收藏了很多线装书，“这些都是在古旧书店里淘来的，有的是在地摊上淘的。”

苏斌觉得：“现在社会可选择的娱乐方式太多，但我对一些聚会活动并不怎么感兴趣，读书才是我最大的乐趣。我有很多同学现在在物质方面生活得比我好，不过我在他们面前并没有自卑感。我爱读书首先是因为兴趣，不过更多的是为了精神上的提升。我感到很知足。”

心灵的富足是一种美，具备了这种美，你就不再需要借助外在物质的东西来增强自己的自信心和安全感。这并不意味着我们不该去追求物质财富、七情六欲，但对于物质财富和欲望的追求最终都应该回归到心灵的层次。因为如果没有更高层次的意义，你的生活最终将归于无聊和空虚。

新东方学校创始人、著名企业家俞敏洪曾说过：“新东方流传一句话叫作‘底蕴的厚度决定事业的高度’。底蕴的厚度主要来自于两方面，第一多读书，读了大量的书，你的知识结构自然就会完整，就会产生智慧；第二就是丰富人生经历。把人生经历的智慧和读书的智慧结合起来就会变成真正的大智慧，就会变成你未来创造事业的无穷无尽的源泉和工具。”

但是也要记住，“学而不思则罔，思而不学则殆”。读书与思考如影随形，而思考又与身体力行相辅相成，“纸上得来终觉浅，绝知此事要躬行”。这样，你的生活便会越来越充实，既增长了见识，又陶冶了情操。

书读得越多，生活越丰富多彩。书籍永远是人类的精神食粮，人的喜怒哀乐都可以在书中找到平衡，获得补给。书是人类经验的结晶，知识的源泉，当你的思想变得越来越充实和丰盈，你将不会对虚荣产生兴趣。

6.知足才能挣脱贪欲的束缚

人心最难在知足。有一首名为《解人颐》的诗，对人性中的贪欲作了入骨的刻画，诗中说："终日奔波只为饥，方才一饱便思衣。衣食两般皆具足，又想娇容美貌妻。娶得美妻生下子，恨无田地少根基。买到田园多广阔，出入无船少马骑……"最后发出了"若要世人心里足，除是南柯一梦西"的感叹。

贪欲可以撕裂信仰的肌肉，麻痹感知的悟性。它让人罔顾未来的前景，而只看中眼前的实惠。倘若你不能控制这头巨兽，它将不断深入你的灵魂，让你一步一步滑向深渊。

殷纣王即位不久，命人为他琢一把象牙筷子。贤臣萁子见状担忧地说："象牙筷子肯定不能配瓦器，要配犀角之碗，白玉之杯。玉杯肯定不能盛野菜粗粮，只能与山珍海味相配。吃了山珍海味就不肯再穿粗葛短衣，住茅草陋屋，而要衣锦绣，乘华车，住高楼。国内满足不了，就要到境外去搜求奇珍异宝。江山社稷危在旦夕呀……"后来，果如萁子所料，纣王荒淫无度，终至众叛亲离，"赴火而死"。

“夺泥燕口，削铁针头，刮金佛面细搜求，无中觅有。”贪欲之心永远不懂得在扩张的时候适可而止。犹如普希金讲过的《渔夫与金鱼》的故事，贪得无厌的老太婆最终还是回归了她的破泥棚，守着她的破木盆。

无数的历史经验和教训告诉我们，如果不能控制好自己的七情六欲，过分贪图金钱、权力和美色，轻则让你惶惶不可终日，失去生活的乐趣，重则误了身家性命。

欲望是人前进的动力，人活着当然得努力奋斗，但欲望若过分强烈，发展成贪婪成性，就会使人沉沦，迷失方向，甚至可能把人引向毁灭。正如《红楼梦》中所说的“身后有余忘缩手，眼前无路想回头”。在当今社会里，毫无节制地追求金钱、地位、权势和美色，并因此而葬送功名事业，落得个身败名裂者不乏其人。

正确地处理好欲望和知足的关系是一种智慧的境界，林语堂告诉我们：“知足常乐的秘诀是懂得如何享用你所拥有的，并割舍不实际的欲念。”知足的人，虽然睡在地上，却如处在天堂一样；不知足的人，即使身在天堂，也像处于地狱一般。人若囿于物质欲望，即使拥有再多也会觉得不够，这就是贫穷；反之，即使物质生活不宽裕，也并不影响心灵的充实，这就是真正的富有。

老一辈无产阶级革命家陶铸说过：“一个精神生活很充实的人，一定是一个很有理想的人，一定是一个很高尚的人，一定是一个只做物质的主人而不做物质的奴隶的人。”欲望有节，犹如一杯清茶，既能解渴也值得品味，能够滋润心田，滋养生命；欲望过度，犹如一杯杯咸水，越喝越渴，越渴越喝，最终伤害身体，直至把自己毁掉。怀着一颗平常善良之心，富不行无义，贫不起贪心，平心静气地生活。快乐不在外界，幸福自在心中，唯有透过静思熟虑，少欲知足，才能获得真正的快乐。

祸莫大于贪欲，福莫大于知足。知足意味着放弃那些不切实际的幻想和令人疲惫的负累。

老子曰："知足者富，强行者有志。"知足是人的一种达观的心理状态，是人们对已经得到的生活感到满足的一种精神体现。人生就是这样，知足地过着简单的生活更能感受到生命的惬意。当所有的浮华都成为隔世的风景，你的内心仍是山清水秀的明朗。

第七章

量力而行，再要面子也不能打肿脸充胖子

1.没钱硬摆阔，自讨苦吃

现今奢侈几乎成风，有钱的摆阔气，没有钱的也不能输面子，因为贫穷会让人看不起。于是，大家互相攀比，谁也不让谁。这种攀比又更加激化了一个人的虚荣心，人人都希望自己表现得最阔气，排场最大，让所有人都羡慕，甚至为此不择手段。

有一对恋人结婚时非要摆一摆阔气，发誓要把本单位同事们的婚礼都比下去。他们二人都是糖厂的小职员，并没有多少存款，双方的父母身体又都不太好，他们那点退休工资是指望不上的。

新郎于是找到表妹，说他有关系可以弄到进某糖厂工作的名额，但办理一个需要3.5万元的跑关系费，问表妹有无亲戚朋友想要这份工作的，并承诺如果办不了就把钱全部退还。表妹问了身边的亲戚好友后，帮丈夫和自己的三个好朋友报了名，每人交了3.5万元。但新郎得到这些钱后，并没有用于跑关系，而是立即置办了高档家具，将新房装饰得像宫殿一样华丽。表妹等人多次向新郎追问工作的事，后来见事情没有着落便要求新郎退钱，但新郎总找各种理由推脱。

婚礼那天，新郎西装革履，新娘婚纱拖地。金色的费列罗拼成的“喜”

字让来宾惊诧不已，租用的轿车排着长长的队，令人连连赞叹。可是到了晚上，贺喜的人群还没散去，新婚夫妇还没入洞房，呼啸的警车就将新郎带走了。

事发之后，债主们纷纷上门讨债，新娘只好变卖了新买的家具用来还债。面对空空的四壁，新娘坚决要离婚。一个刚刚组建的家庭就这样被虚荣和面子给拆散了。

台湾私人宴客有多达千桌的，广州时髦的"黄金宴"，还会用金箔装饰菜肴。在中国大陆，人们对野味有着无穷的欲望。但事实上，又有多少人是真的喜欢那些稀奇古怪的野味的味道？但是对于那些食客来说，野生动物好不好吃并不重要，重要的是满足了自己的虚荣心和摆阔的需要。他们觉得将大把大把的钞票花在野味上更能显示出自己的富有和见多识广。有人曾说："在今天的中国，钱可以随时吃掉人性。"这实在不算是夸大其词。

他是全球最年轻的亿万富翁，是一位年轻的80后。Facebook市值超过2300亿美元，他的个人财富达334亿美金，他就是Facebook的创始人——马克·扎克伯格。但他日常出行只开着一辆1.6万美金的本田飞度，约合人民币10万元。生活中的他更是简单：风格单一的T恤、破烂陈旧的牛仔裤、阿迪达斯运动鞋，无论何时几乎都是这样一身休闲打扮，讲起话来甚至有点腼腆。

2012年5月，扎克伯格和相恋九年的女友普莉希拉·陈结婚，婚礼低调得近乎寒酸。两人在家中后院举行婚礼，规模很小，来宾不超过百人。那天扎克伯格穿着深色西装，打着黑色领带，与身披白色婚纱的普莉希拉·陈携手穿过树荫。

2012年，扎克伯格为慈善事业捐赠了4.988亿美元的Facebook股票。《慈善记事报》公布的数据显示，2012年美国亿万富翁共计51亿美元的巨额慈善捐款中，扎克伯格的捐款仅次于排名第一的巴菲特，是最积极从事慈善事业的美国富豪之一。他的女儿出生之后，夫妻俩更是捐出了99%的股份。

当今社会，虽然贫穷容易叫人看不起，但是打肿脸充胖子只会更令人耻笑。也许，没有钱做什么都难，但也不能因为钱而迷失自己的本性，为了挣面子而去做傻事就更不值得了，就像莫泊桑笔下那位年轻美丽的女子——玛蒂尔德，为了一晌贪欢的虚荣，而付出了十年的青春。

如果你的工资不高，就不要贪慕虚荣四处借钱去买名牌，非名牌的东西也可以穿得很有品味；再如，若你没有钱买高档车，就不要欠债贷款换潇洒，买个便宜实用的开着也一样方便。打肿脸充胖子，风光是风光了，但是受疼的可还是自己。

2.莫因虚荣逞匹夫之勇

虚荣心强的人最容易陷进一个又一个困境，然后不顾一切地冒一个又一个险。他们最大的问题在于没有自知之明。对于自己做不到的事，说明情况就好，无需勉为其难。乱逞英雄是不可取的行为，这样做和一个没有理智的莽夫没有区别。

在虚荣心的驱使下，为了表现自己是多么能干、多么聪明，常常会自不量力。就像一个人本来只能扛80斤小麦，可一看别人都能扛一百多斤，为了不输面子，就硬说自己能扛150斤，然后生生地就把150斤的小麦放在了肩膀上。在别人的叫好声中，虚荣心是得到了满足，但肩上承受的痛苦恐怕只有自己知道。

张伟大学毕业后没找到稳定的工作，租住在长沙岳麓区一家旅社里，一直靠着亲友的接济勉强维持生活。找工作四处碰壁之后，张伟就沉溺于网络世界里，整日只知玩电脑游戏，旅社老板3岁的儿子金宝便成了张伟玩游戏时的“观战粉丝”。

碍于面子，张伟对家里谎称考上了公务员，收入稳定，并放话会拿30万元出来寄回老家建房子。家人信以为真，找人借了30万元，打算先盖房子，等张伟寄钱回来再还上。张伟有两个很高级别的游戏账号，市场价值20多万元，所以他毫不怀疑自己有这个能力还那笔钱。但苦于始终没有理想的出价，便耽搁了下来。不久家里便催他寄钱，拿不出钱的张伟便想到了绑架金宝向旅社老板勒索的主意。

那天，金宝像往常一样来张伟的房间看他玩电脑游戏。等金宝进入房间后，张伟便把房门关上，用枕套从身后捂住金宝的口鼻，直至他停止挣扎。为防止金宝叫喊，张伟还将枕套塞入金宝口中，并用透明胶带缠绕他的头部，将他拖进了卫生间，打算晚上再将他转移出去，并向其父母勒索30万元。

金宝的家人发现孩子失踪之后开始到处寻找，两次找到张伟处，张伟都谎称自己并没见到金宝。当金宝奶奶第3次找到张伟的房间时，在卫生间发现了装着金宝的纤维袋。虽然家人第一时间将金宝送到医院救治，但最终还是抢救无效死亡。经法医鉴定，金宝是被捂压口鼻致机械性窒息死亡的。2014年6月，长沙市中级人民法院判处张伟死刑。

总有许多人会为了出风头、争面子，为了赢得别人的羡慕，而不惜无限夸大自己的能力，以致自讨苦吃，最后得不偿失。没有本事，就不要去逞能；没有精力，就不要去应付。做事的时候最好先问问自己：“我能做好吗？”得到肯定的回答后再放手去做，万不可再要面子硬着头皮答应自己做不到的事情。

某登山俱乐部组织了一次攀登珠穆朗玛峰的活动，有许多登山爱好者参加。最初的一千米，大家兴致勃勃，争先恐后，谁都不甘落后；第二个一千米，一部分人开始气喘吁吁，体力明显不支；到了第三个一千米，已经有好几百人放弃了挑战；坚持到了第六个一千米时，队伍只剩下不到十个人了。他们决心坚持到最后。

但是，在登到八千米高度时，一个人突然停了下来。他指着自己的心脏说：“我不行了，你们上吧。”之后便停止攀登，选择返回。

后来他跟人讲起这件事时，人们都替他感到惋惜：“为什么不咬紧牙关坚持下去呢？还有844米就能登到峰顶了，那是多么大的荣耀！老了，回想起来，也算是完成了珠穆朗玛之旅啊！”

他却笑着说：“不，我很清楚自己的极限，八千米是我攀登的最高点，我不会为了所谓的‘光荣’而鲁莽行事。如果再往上登的话，除非我不要命了。没到达峰顶我一点也不遗憾。”

那些为他惋惜的人并没有意识到，一个人如果因贪慕虚名而逞匹夫之勇，等待他的并不是成功，而是没有穷尽的暴风雨。

做事要量力而行，自己感到难以做到的事，就要敢于放弃，毕竟每个人都有自己的能力极限，我们并不是万事皆能的全才。话一出口就没有挽回的余地，后果就需要自己去承担。一旦失利，你失去的将不仅是做成这件事的机会，还有他人对你的信任，以及你日后的发展空间。试想一下，一个只会说不会做的人，谁会喜欢？下次谁还会相信你，给你机会？因此，当遇到他人的请求时，不要一口答应，也不要把话说得太满，要给自己一个回旋的余地，事情并无大小之分，量力而行，才是王道。

3.真正没面子的不是“抠门”，而是“月光”

现在有一定存款的年轻人越来越少，而“月光族”却越来越多。很多人每个月领到薪水后，逛一次商场就花掉一半，去两趟超市又刷掉余下的一半，最后连下半个月的生活费都成问题，不得不向父母、朋友申请援助。这样看来“月光族”的生活是非常不好过的，尤其是那些为了撑面子，大方请客吃饭，购买奢侈品的人，银行卡的钱就像流水一样，“哗哗”两下就没有了，剩下的日子却异常难过。

丁卉凡是一名国内航线上的空姐。按理说空姐的收入还是很可观的，然而她却也是个“月光族”。她经常是已经飞得很累了，还要忙着加飞，就连生病都不请假，为的就是能多积累点钱。可是即便奋力赚钱，她仍然摆脱不了月光的局面。

仔细计算了支出之后丁卉凡发现，她每个月单单花在化妆品上的钱就达到几千元，服装和饰品更是高达两三千，再加上平时一些娱乐活动上的开支，每个月都入不敷出。对此，她说：“因为职业的特殊性，每月化妆品方面的消费支出是必不可少的。我以前都还不怎么讲究，但同机舱的其他同事用的都是国际一线品牌，我自然也不能落后于她们。”当朋友建议她少买点时，她直摇头：“我现在已经习惯了，每个月都会关注这些品牌的最新消息，特别是看中的那些新品，如果看到别人在用，而自己却没有，我会感到很没面子的。”

也许对我们来说，学会“抠门”并不是一件太简单的事情，即使我们能吃得了苦，也有那个自制力，但也容易因为在意别人的眼光而不好意思“抠门”。比如，你和朋友一起出去吃饭，原本聚餐的时候，都是想吃什么就点什么的，从来都不看菜价，但现在为了省钱，点菜就得挑实惠的了。这时候，你肯定有所顾虑，害怕朋友说你抠门，说你是铁公鸡，于是只好硬着头皮挑贵的点了。

不管你现在收入是高是低，都不要为了“撑门面”而将自己一次次推向“月光”的深渊，如果你不想再承受没钱的痛苦，那么就要从现在开始合理规划自己的财产，这样才不会在真正需要钱的时候张皇失措。

放弃为“面子”而买的东西，在手机或者随身携带的笔记本上记下你不需要的物品清单，购物的时候坚决不予购买。随着清单越来越长，你会发现，即便离开了这些东西，你的生活依旧可以继续。另外，现在的二手市场比比皆是，里面也不乏好货，只是很多人总觉得买二手货很丢人。其实只要你放下面子，耐心淘一淘，常常会有很大的收获，而且还会节省一大笔钱。当你不知道自己需要购买的东西是否正在打折促销的时候，可以上购物网站搜索，说不定还能淘到比实体店更便宜的货物，偶尔还能获得现金券，留待下次购物使用。

处于热恋中的男女总想以鲜花等礼物，或出入酒店、咖啡厅等场所来进一步稳固情感，尤其是男性，在女友面前特别在意面子，即使囊中羞涩也不惜打肿脸充胖子。但不要认为钱花得越多越能代表对恋人的感情，把恋情建立在金钱的基础上，长远下去不但会令自己经济紧张，同时还会无形中给对方压力。

摆正自己的消费心态，走出面子的误区，上班的时候早点起床，才不会因为起晚了赶时间而打车；路程近的也可以尝试着走路或骑自行车，不但省钱，还能锻炼身体；去超市购物时偶尔也可以试着乘坐免费大巴，而不是自己开车，这样既省了油钱，还绿色环保；夏天家里太热，不妨去图书馆坐一坐，既能悠闲地看书，也能免费上网，还既凉快又安静，何乐而不为呢？

4.有多少钱，办多大事儿

《红楼梦》第六回中，刘姥姥对女婿王狗儿说过一句话："守多大碗吃多大的饭。"意思是指有多大的本事就过怎样的生活。我们每个人多多少少都会有点虚荣的心理，看到别人有好东西，自然也会羡慕。但是每个人的情况不同，别人月薪两万元，你的月薪却只有五千元，你们的消费能力又有什么可比性呢？

现在流行一个词叫"超前消费"，成不了"富翁"，做个"负翁"也不可耻。有些人还以贷款买房这一现象来说明超前消费的时尚趋势。但是有一点可不要忘记了，贷款是要还的，而且还的比你贷的要多得多。再说了，贷款也是有条件的，并不是你想贷就能贷，想贷多少就贷多少的，它与你的收入挂钩。这不跟"守多大碗吃多大的饭"还是一个理吗？

刘婧年前买了一套房子，原本想赶着今年夏天住进去的，但是到了装修阶段一看，卡里只剩下不到两万块钱了，估计连个卧室都装不下来。这时候，同事给她出了个主意。原来同事也是才装修的房子，她装修的时候也没有钱，但是却通过借鸡生蛋的方法装好了，而且用的是清一色的高档进口材料。

原来她选择的材料店都是本地的，可以先拿货，等年底再付款。像瓷砖、木料、家用电器等，也全部都是赊来的。反正老板知道她有正式工作，这钱也不会欠很久。加上她选择的都是些很贵的东西，老板乐得有这样一笔大买卖，可以从中赚到不少，即使要拖几个月再付款，他们也毫不在意。

刘婧一开始觉得这个办法挺好，工程赶得紧一点，两三个月就能住进去了，而且还能用上高档货。但是过后她又仔细想了想，这样的方法真的适合自己吗？要知道同事的房子付的是全款，而自己的是贷款买的，每个月还贷的压力就已经很大了，如果再加上装修款，压力也太大了，这日子还过不过了？

再三考虑之后，刘婧和丈夫还是决定有多少钱，先办多少事。先找人把地板铺好，刷墙漆这些活两人亲自做，家具之类的木工活，可以找在乡下做木工的亲戚帮忙。至于其他的细节问题，可以慢慢来弄。总之，虽然房子一时半会装不好，但是夫妻俩做好了长期战斗的准备，一点一点来，虽然要经历很长的时间，但是起码压力不大，时间可以自由掌握。

俗话说："做事要量力而行，花钱得量入为出。"你可以贷款买任何你想要的东西，你可以穿着一身名牌行头，春风满面；或是戴着钻戒名表，洋洋自得；再或开辆豪车，傲视天下。这的确可以赢得一时的虚荣，但也就仅此而已。贷款还是得你自己还，将来如果还不上了，也许不得不卖车卖房，又有什么意义呢？

"守多大的碗，吃多大的饭"并不是让我们守着自己的一亩三分地，以此自满，止步不前，而是让我们脚踏实地，切忌好高骛远。我们要是想吃到更多的饭，就得想办法把自己的碗变得更大一些。只有碗更大了，我们的舞台才能更大，才能看到更多的东西。

5.选个“大车”才有面子吗

冯小刚的电影《大腕》中有一个经典桥段：精神失常的房地产商，煞有介事地介绍其在中国打造成功房地产产品的经验：“你要了解中国消费者的心理，他们的口号是：只买贵的，不买对的。”虽然在电影中是种反讽，但当今的中国市场，求大、求贵、求排场，确实已经蔚然成风。

就拿买车来说，很多人似乎都存在一种畸形的消费心理。他们买车的时候从来不关注排量，只关注品牌和外型尺寸。如果现在买不起好的，宁愿多攒两年钱再买，也不愿意买一辆普普通通的车。

王先生最近升上了部门经理，于是和老婆商量着去买车。本来他已经看上了本田的一辆飞度车，但是他老婆死活不愿意，说要买就买个大一点的，看起来比较气派。他也认为，开车上班的话，与单位里的同事、领导的车都停在一起，难免会做个比较，如果其他同事的车比自己的气派，看着心里就不是个滋味。再说如果出门办事的话，车就是身份的象征，太过一般总觉得矮人一截。最后，又多花了一些钱，买了辆丰田逸致，夫妻俩人都得到了极大的满足。

现在的人买什么都图大、图高档，够大够档次才觉得够面子，在买车的要求上也是如此，要买就买大车。说到底，还是源于中国人的“面子意识”。例如说某某换大车了，原因竟是做业务时，车太小，不好谈，拿不到大单；有的是因为身边的同学朋友都换了大车，不换都不好意思参加聚会，所以也跟着换；再不就是说怕因为自己开的是小排量的车，被人认为事业不成功等等。

今年25岁的小武刚工作不久，且平常花钱大手大脚，因此手里并没有存下多少钱。然而，他却计划花20万元左右买一辆轿车。“我自己是买不起，不是有老爸老妈嘛！”他直言，自己买车，就是因为身边的好多朋友都有了车，如果自己还坐公交车上下班会很没面子。

如今，像小武这样为面子而买车的人不计其数，很多人本身并没有这个经济实力，但是就算向父母伸手，向银行贷款，也要成为有车一族。尤其是现在的一些刚刚进入恋爱状态的年轻男人，总认为如果没有车去接女朋友的话，会很丢脸。

某天晚上，一位父亲迷迷糊糊快要睡着时，忽然感觉眼前有个影子在晃动，睁眼一看，却见过完暑假就要上大学的儿子怀抱一摞打印资料站在自己床前。父亲吃惊地问：“儿子，学校的事情不是早就定好了吗？就在北京上啊！”

儿子兴奋地说：“不是为上学的事，老爸，我终于为你选好车了！快看看相关数据对比一下吧，可费了我不少时间！”

父亲一听此言，脑子马上清醒了，知道如果再坚持自己的观点，恐怕今晚都不能睡觉了，于是决定全盘接受儿子的建议：价钱在20万元以上，排量在2.0以上，还有就是必须是自动挡的。以这个标准看，儿子千挑万选的那款车还真的是很不错的。但对于有十年驾龄，一向迷恋驾驶时的操控感的他来说，开自动挡的感觉真是不够爽。更重要的是，自己那辆车还挺好的，而且如今车降价那么快，都说20万元以上的车降价空间更大，现在就着急地买了难免将来会后悔。

但儿子说了，父亲现在开的那辆车让他很没面子，偶尔自己开出去和朋友们聚会，也丢人得很。这位父亲真弄不明白，自己那辆车虽然买了好多年了，但是各方面性能都还挺好的，也算是品牌车，为什么儿子还觉得丢人呢？

面子大过天，很多人买车时甚至很少考虑个人的爱好，而是屈从大众的评价，在很大程度上其实是买给街坊邻居看的。对他们而言，车的功能不再是代步工具，反而被赋予了更多实用之外的象征意义，成了财富、地位的标志。

说起来很可笑，可是在现实中这样的攀比现象确实处处存在。把别人比下去了，自己的虚荣心理就能得到满足。但汽车说到底还是一个代步的工具，是为人服务的。别人并不会因为你开的是奔驰就对你敬重有加，因为你开小QQ就对你表示轻蔑。当然，如果你的确是有这个经济实力，买高档车无可厚非，但如果仅仅为了面子而让自己负债累累的话，就完全没有必要了。

6.自食其力远比啃老有面子

有这样一幅漫画：一个瘦骨嶙峋、步履蹒跚的老者，苦不堪言地背着自己的孩子，孩子身上则背着许多大大小小的包袱，几个大包袱上分别写着求学、就业、结婚和育儿，除此之外，还有无数的小包袱。这就是现在较为普遍的一种家庭的真实写照，有人用“啃老”来形容这种现象，并戏称他们为“啃老族”。

我们身边肯定会有这样的朋友，他们名校毕业，有着远大的理想，但是往往尚未就业就失业了，或者在就业与失业之间不断游走。他们不愿意放低身段从基层做起，不是嫌工资低，就是觉得做的工作太低贱，丢面子，所以干脆不就业。

章越是家里的独子，从小娇生惯养，大学毕业之后，父亲给他找了一份财务助理的工作，可是章越嫌工资太低，干了一段时间就不干了，于是父母又托人给他安排了另一份工作，几天后章越又嫌工作太辛苦，不愿意干。

一来二去，换了几份工作都不太满意。在这期间，章越花的都是父母给的生活费。结果他发现，父母给的钱竟然比之前几份工作的工资还要多，而且还不用吃苦劳累，这让章越越来越不想出去工作，便安安心心地做起了啃老族。

现在，我们身边啃老的人越来越多，他们也曾有万丈豪情，也曾立志要做一番大事业，但是现实却给他们浇了一盆冷水，瞬间刺破了他们那膨胀的理想。在美好的理想和残酷的就业现实之间，他们迷失了自己，变得眼高手低，无法找到一个准确的定位。既然放不下那点骄傲去融入这个社会，最终只好啃老。

其实，越是梦想触壁的时候，越应该去发掘自我的价值。与其为了所谓的面子去啃老，不如放下身段去自食其力，更何况啃老也不是件很有面子的事。一个连自己的肚子都填不饱的人，又有何面子可言呢？

北大学子卖猪肉、大学毕业生当掏粪工等事件，其实就是一种放下身段的行为。寒窗苦读十几年，一到大学毕业，却找不到“体面”的工作，这时候只好“大材小用”。他们也许显得有些另类，但这反而是一种着眼现实的考虑，总比“高不成低不就”更让人踏实放心，最起码他们自食其力，不会给父母带来麻烦。

武汉的一个小区有几名特殊的保安，他们都接受过高等教育，也是正经的大学生，但是毕业之后却没找到工作。他们没有死要面子地端着大学生的架子，而是选择“低就”了保安这个职位。其实他们心里未尝不觉得多年苦读之后却出来当保安是一件让人难堪的事情，可是在现实面前，他们还是决定放下面子。他们说：“只有自食其力的人，才能活得有尊严，起码我能养活我自己。”

有些人因为刚参加工作工资太低，觉得很没面子，情愿辞职不干，拿着父母的血汗钱挥霍，而且还花得心安理得，认为孩子花父母的钱就是理所当然的事情。自己挣钱少没面子，难道花家里的钱就很有面子？这种人是典型的人格缺钙。

郑板桥临终之前曾给儿子留下一张字条："淌自己的汗，吃自己的饭，自己的事情自己干，靠天靠地靠祖宗，不算是好汉！"这话可谓是说到了点子上：连自食其力都做不到，算什么好汉？

我们其实都应该牢记一个道理：花别人的钱永远没有花自己的钱来得舒心，自食其力也远比啃老有面子得多。

7.赚小钱不丢人

有的人宁愿饿肚子也不愿去做小生意，觉得为了那几分几厘锱铢必较，还不够跌份儿的。也有人为了守住自己的面子，不肯弯腰去做赚钱少的工作，认为那是一件丢人的事情。然而一位企业家说得好："看厕所、擦皮鞋挣钱都不丢人，只有挣不着钱的才丢人。"

看厕所、擦皮鞋不但可以养活自己，而且还能增长阅历，说不定还能积累点资金，为以后的发展奠定基础。温饱都不能解决的时候，还天天想着自己哪天揽个大生意赚上一大笔，岂非白日做梦？不如脚踏实地从小处开始，赚大钱才有希望。

上个世纪八十年代，在西北一所大学的校门口，一名大学生到修鞋摊上补鞋，补鞋的是个年轻的姑娘，大学生满怀同情地对她说道："你这么年轻，就在大庭广众之下给人家补鞋，不觉得难堪吗？"姑娘轻轻一笑："我有什么难堪的，破鞋穿在你们脚上，才叫难堪呢！"大学生又问道："你以后想要做什么？"姑娘说："我要当老板。"大学生很惊讶："你有钱吗？没钱怎么当老板？"姑娘说："我不正在挣钱嘛。"

后来，这位姑娘靠补鞋积攒的资本盘下一家小店，经过用心的经营，而今已经成为拥有亿万资产的著名女企业家了。

我们这一代人虽然大都成长于温室之中，但却都有着万丈豪情，一踏入社会就想做大事，赚大钱，不愿意听到前辈们“脚踏实地，先做小事，赚小钱”之类的说教。当然，做大事，赚大钱的志向并没有错，有了这个志向，我们才会不断向前奋进。但说老实话，社会上真正能达到这个目标的人并不多，更别说一踏入社会就做大事、赚大钱了。

大多数成大事、赚大钱者都不是一走上社会就取得如此成绩的，很多大企业家都是做小生意起家的。李嘉诚起初是卖塑料花的，王永庆是卖大米的，松下幸之助是卖自行车车灯的，即使是大家崇拜的比尔·盖茨，他创业初期的第一单大买卖也不过五万美元。这说明，只有扎扎实实地从小事做起，才能为你的事业打下坚实的基础。

“千里之行，始于足下”，不管目标有多高，都得一步一步地向它迈进，才有望达到人生的顶峰。金钱需要一分一厘地积攒，而人生的经验也需要一点一滴地积累。所以，在赚到大钱之前，不妨先赚赚小钱，先增加阅历，积累经验。小钱赚得熟练，赚大钱的时候也就不会“手生”了。

其次，先赚赚小钱实践一下，也有助于我们了解自己的能力。正所谓“知己知彼，百战不殆”，这当中“知己”比“知彼”更为重要，知道了自己的斤两，才能够制定合理的目标和计划。这样才不会走错路，误入歧途。

再次，小钱赚久了，积少成多，也许有一天我们会突然发现，赚大钱、做大事的目标已经在不知不觉中实现了。

最后，“先赚小钱”还可以培养自己踏实的做事态度和健康的金钱观念，这对日后事业的稳定发展乃至你的一生都有莫大的帮助！

有位富翁曾说“小钱是大钱的祖宗”，当你条件普通，而又没有深厚背景的时候，千万别自大地认为你是个赚大钱的人，而不屑去赚小钱，要知道，连小钱也不愿意赚或赚不来的人，没有人会相信你是能赚大钱的。你必须改变自己的态度，从赚小钱开始，一步一个脚印，这样才能最终赚到大钱。

第八章

勇于说不，别让不懂拒绝害了你

1.没有能力办成的事儿，不要轻易答应

为了面子，为了掩饰我们的不好意思，明明无能为力的事，还非要拍着胸脯打保票，结果却往往吃力不讨好。你不能确定的事，就不要把话说满，要学会模糊表态。所谓模糊表态即是采取恰当的方式、巧妙的语言，对别人的请求或者是意见做出间接的、含蓄的、灵活的表态，避免最后事与愿违的尴尬。生活中总有很多人喜欢夸大自己的能力，明明知道自己不能胜任，还是乱许诺言，结果却做不到，以致失去别人的信任。

常浩宇在银行工作，他曾经的老师想开一家公司，却缺少资金，便去问他能不能帮忙贷款。他想：这是老师第一次找自己帮忙，怎么能拒绝呢？当即一口答应。可是，他毕竟刚参加工作不久，还没取得说话的资格，老师的贷款请求又不完全合乎规章制度，事情迟迟没能办好。当老师租好门面，请好员工，等着资金开业时，他这里却拿不出钱来，搞得老师很被动。老师大怒，责备他说："你这不是捉弄我吗？你即使不想帮我，也不该害我！"常浩宇无法反驳，只是苦笑。

"模糊表态"可以作为拒绝别人的最佳方法，既给对方留了面子，也不会让自己为难。要求你解决或答复问题的人，内心总是寄予厚望的，希望事

情能如愿以偿，完满解决。如果突然遭到生硬的拒绝，很可能会令对方过分失望或悲伤，心理上难以平衡，情绪也难以稳定，容易导致偏激的言行，有碍于人际交往。倘若话尚未完全说死，则会令对方感到事情并非毫无希望，也许经过更多的努力或者过一段时间机会降临，一切便会向好的方向转化，情绪则更容易趋于稳定。

但并不是说在所有事情上都要模糊表态。任何事情的发展变化都有个过程，有的甚至还是一个相当长的演变过程。当事情处于发展变化的初期，实质性的问题尚未表露出来，就难于断定其好坏、美丑、利弊、胜负。这时，就需要等待、观察和研究，切不可贸然行事、信口开河地去下定论、瞎承诺。

魏绍亮是一家公司的小职员，工作努力，对待同事十分热心，所以虽然来公司没多久，但人缘相当不错。一次下班前，他终于忙完了手上所有的工作，第二天就是周末了，收拾好办公桌上的文件，看看表，还有十分钟就到下班时间了。

正当魏绍亮思考周末该干些什么的时候，一个同事一脸焦急地走了过来，“这报告真是要命，魏绍亮，麻烦你能不能帮我看看这里的数据该怎么办？”说着便递给魏绍亮一份空缺了大批数据的文件。接过文件简单看了一眼后，魏绍亮很热心地建议道：“伙计，这些数据都在叶丽娜那儿，你抓紧时间去找她要数据吧，否则这个周末就要加班了。”说完魏绍亮把文件还给那位同事。

谁知同事并没有接过去，而是提出了一个有些过分的请求：“哦，我还有一个报告在下班前必须完成，你能帮我去叶丽娜那儿找数据吗？拜托了！”说完他便转身离去。魏绍亮站起身喊住了同事，十分严肃地说道：“这件事恕我实在不能帮忙，我才来公司工作没多久，这个事情我自问没能力做好，我没办法代替你去工作，希望你能理解。”面对魏绍亮的拒绝，同事没有说什么，但明显十分不高兴，他随手扯过魏绍亮递过来的文件，闷闷不乐地离开了。

尽管这一举动有得罪同事之嫌，但魏绍亮并不后悔自己的决定。如果自己答应了同事的请求，到时候做不好，结果只会适得其反。

很多人面对别人的请求时，会因为面子不好意思去拒绝，为了维护自身的美好形象而不忍拒绝，或者担心伤害对方采取不拒绝的态度。殊不知，这样的不好意思只能令自己陷入难堪的境地。不管是在工作还是生活中，如果处处都考虑面子，一直扮演“好好先生”的角色，结果常常是费力不讨好，甚至是“哑巴吃黄连”。本该说“不”的时候，碍于面子说了“行”，只能自食苦果。

你不是超人，不可能让每个人都满意；你也不是钞票，不可能让每个人都喜欢；你没有金刚钻，就不要揽瓷器活。千万别逞能，因为面子不好意思拒绝，就容易丧失对自己生活的掌控权。经常答应自己无力完成的事，当然会使别人一次又一次失望。所以，自己没有把握实现的承诺，就不要轻易说出口。不答应无法兑现的事既是对自己负责，更是对他人负责。人该为自己而活，而不是活在别人的眼睛和嘴巴里，有时候适当的拒绝不仅能起到正面的作用，而且能帮助你把痛苦和烦恼及早扼杀在摇篮里。

凡事做前先思考，量力而行。对于自己能做到的事情，一旦许下承诺，就要尽量兑现，尽力而为。即使中间遭遇变故，答应了的事情有泡汤的危险，也要提前给对方一个具体的交代，做出合理的解释。如此，即便承诺无法兑现，对方也能接受，还会觉得你勇于担责，是值得信任的人，这样才不会影响人际关系。

2.有事您说话——完全不懂拒绝的人不能赢得真正的尊重

秉持着“有事您说话”的处世原则，在开始的时候，也许能为你赢得朋友的喜爱、同事的欢迎和上司的青睐，可以保护自己在生活与工作中免受攻击、冲突与嫉妒的伤害，维护好来之不易的好人缘，保住自己的职位和薪水，但这个作用却难以持续。

苏芩曾说：“友善确实是种病，病就病在企图取悦所有人。过度友善的人，害怕拒绝，因为在他们看来，拒绝别人同样是件伤面子的事。把面子看得比天还大，往往源于内心的弱小。事事害怕让别人失望，也是一种自卑。生活总有点欺软怕硬。一个完全不懂拒绝的人，也不可能赢得真正的尊重。”

你让别人满意了，自己却不开心了。自己的时间从来不够用，自己的分内事被扔到一边，经常延期处理，完不成任务；却要用大把的时间去帮别人做事，去兑现自己的承诺，满足其他人的需求。生活被一张长长的写满承诺和待做事项的清单占满，就是没有自由支配的空间，也没有休闲和娱乐的时间。

在这种情况下，你不管做什么都是在看别人的眼色。就像父母监护下的孩子一样，你拿着纸笔，记下父母的要求，没有权力说“不”。赔上了休息、娱乐，甚至学习、工作的时间，如此不辞辛苦，还只是偶尔会得到一句谢谢，更多的时候，是理直气壮地说你做得还不够好，需要继续改进，让你帮忙是给你机会锻炼锻炼。理由花样繁多，无一不是为你着想，替你考虑，合理得让你恨不得马上跪谢对方给你这个机会。

然后你皱着眉头去执行。这时，你得到什么样的评价，取决于你对这些要求完成的质量，而不是你自己的判断。你活在别人的世界里，逐渐丢失掉大声说出“我不同意”这句话的勇气。因为人都有自私的一面：别人会习惯于你的付出，也习惯了你从不拒绝他们的要求这一事实。当你某一天不想这样做时，你会惊讶地发现自己立刻不受欢迎了。所以，后面的事情很容易预测——你就像一头免费的驴子，不停地拉磨，根本无法停下来，因为你说不出口。你的内心痛苦不堪，身体也快累垮了，但却有苦说不出，只能自己消化。

现在，你需要先审问一下自己，你是从什么时候开始成为老好人的？你的第一次接受他人的不合理要求是何时何地？对象是谁？接下来，你要判断一下自己的“好人情结”到底到什么程度。是任何时候都不会拒绝别人的要求，毫无原则地照单全收，还是只对自己能力范围内的事情不好意思拒绝？如果是前者，说明你已经陷入一种非常严重的尴尬境地。

你会发现，不管有多忙，只要有人对你提出要求，你都会不由自主地答应。不管这种承诺会给你带来多大的麻烦，让你付出多高的代价，你都没有勇气去拒绝。你还会惊恐地发现，由于之前你答应的太多了，现在你已失去了拒绝的资格，因为这会破坏你长久以来在别人心中留下的老好人形象。所以，你只能应接不暇，分身乏术，独自承担这种状态所带来的辛苦和烦恼。

同时，因为你太好说话了，别人也就越来越不把你当一回事。所以，我们除了说“YES”之外，还要经常说一下“NO”。我们承诺帮助别人，要在时间允许和力所能及的范围之内，如果超出了客观条件，勉强为之，可能会引起对方不切实际的期待，也会给自己造成心理负担。在自己能接受的范围内适当帮助别人，也不让被帮助的人对自己形成依赖，这才符合心理健康的原则。

例如，你现在有一份紧急的企划案要赶出来，同事又正巧邀请你晚上去吃烧烤。这时如果能委婉地拒绝，同样可以赢得周围人的尊敬，不丢面子。你可以这么说：“我很想跟大伙儿一起去聚聚，也好久没有轻松一下了，但是我这个案子明天经理一定要看，所以只好忍痛牺牲这大好的机会啦！不过还是谢谢你们的邀请，你们真是够朋友，每次有好吃好喝的都会通知我，希望下回我的运气好些，能跟你们一块出去疯一疯。”这样的话语，相信对方完全能够理解和接受。

不过，既然是对别人的意愿或行为的一种间接的否定，那么就应该考虑不要把话说绝，应该给别人以台阶下。根据拒绝对象的不同，也可以采用不同的拒绝方法。从语言技巧上说，直接拒绝就是把拒绝的意思当场讲开，简单明了，直来直去，如果对方个性直爽的话，这种方法是比较合适的；一般而言，婉言拒绝更容易被接受，因为它在一定程度上顾全了被拒绝者的尊严；另外还有避实就虚的回避拒绝法，既不说“是”，也不说“否”，只是搁置下来，转而议论其他事情，对方通常也能领会你拒绝的意思，这种方法一般是针对不那么熟的人。特别要注意的是，千万别用撒谎来拒绝，一旦谎言被拆穿，对人际关系的伤害将是灾难性的。

3.忍气吞声的老好人赢不来尊重

你身边也许会有这样的好好先生：他们对于别人的请求，从来都不拒绝；对于别人的欺压，也都是默默忍受。他们是那么任劳任怨，指哪打哪，连半句牢骚话都难得听见。有什么好事的时候，通常都没有他们的份，但是有什么麻烦，大家首先就会想到他们。

好好先生们难道真的这么好脾气，心里没有一丝的苦恼和抱怨？当然不是。他们其实也一直都想摆脱这种老被人指使，又被人忽略的窘境。但是因为自身的软弱，总想着以和为贵，不想得罪人，所以只好忍气吞声。

许多人选择这种生存方式，往往是由于他们患得患失，怕这怕那，自己在主观上吓倒了自己。而无数的事实证明，忍气吞声换不来尊重，也换不来健康的人际关系。跨过这道坎，你会发现，其实拒绝也没有什么大不了的。卸掉了精神包袱，活出真的自己，别人反而不会轻视你。

李桐是某大学一名大二的学生，比较胆小怕事，遇事只是一味忍让，因此，虽然班里绝大多数同学对他并无恶意，但在不知不觉中总是把他当成一个理应牺牲个人利益的人。

每次班里有什么福利，如果不够分，那肯定是没有他的份的。就算够数，他的那份也一定是别人挑剩下的。看电影时他的票会被别人拿走，外出野营的时候看包的任务也往往是分配给他的。他总是那个最先被排除的人。但实际上，他非常渴望与别人一样，得到属于自己的那份利益和欢乐。只是由于他的软弱和极度的忍耐，这种事情一直持续了很久。

直到有一天，学校举行了一场十分精彩的音乐会，这次本来票是够数的，但是因为有几个同学多拿了几张送了校外的朋友，结果到了李桐这里又没有了。要是平常的时候，李桐可能就忍了，但是这场音乐会是他向往已久的，所以终于忍无可忍，来了个总爆发。

李桐扭曲的表情和激动的声音使所有人都惊呆了。他一把抓走班干部手中的票，在众目睽睽之下摔门而去。大家在惊讶之余似乎也领悟到了什么。在后来的日子里，同学们对他的态度好多了，再也没有人敢未经他的同意便轻易拿走他的东西。

不会反抗的人没有尊严，在生活中，忍气吞声固然是我们懂得委曲求全的表现，但是在人生道路上，胆气是不可或缺的。放任别人对你的欺压，以之为代价来保障人际关系的和谐，是极不妥当的。

就像在工作中面临各种苛刻的条件时，原本我们应该拒绝的，但是在领导“不想做某某工作，外面大把人正想做呢”之类理论的教导下，我们妥协了。我们以忍气吞声来回应他们的欺压和剥削，将头扎进沙子。可我们的隐忍非但不会给自己带来平顺的前途，反而可能沦为大家嘲笑的对象。

曾经有三位筑楼工人，干了两个月之后，却没有从老板那里拿到工资。他们去找老板讨要，但是老板却要他们干到完工，结了工程款再发工资，否则就滚蛋。三人怕丢了工作，只好作罢。结果工程完工后，老板却卷了钱跑了。这三个人辛苦了一年，到头来却是白忙活，早知这样，还不如头两个月的时候就辞职呢。

或许有人认为，现在经济这么不景气，找个工作多么不容易啊，忍气吞声也是无奈之举，总比丢了工作强。这种想法其实并不正确，自己的利益受到侵害都不敢站出来，他人就会以为你好欺负，那他欺负起你来就更加肆无忌惮了。

人并非不可以忍让，但如果对方一再得寸进尺，那么忍气吞声就绝对不是什么好办法。这时候，你应该学会反抗。许多人不敢反抗，也就永远不知道反抗之后的新世界有多么好。

而有了第一次的反抗，尝到了其中的滋味，自然就有动力去进行更多次的反抗。久而久之，你就会修正你的心理模式和社会交往方式，由一个甘心受气、只能受气的人，变成一个不受无谓之气的人。

4.对老板工作之外的过分要求大胆说“不”

我们在工作中会遇到这样的情况，上司叫你干一件工作之外的事的时候，也许是慑于上司的压力，也许是出于其他的某种考虑，你往往无法去拒绝，而是马上应承下来。然而，你这样任劳任怨，对上司的要求来者不拒，并不一定会让上司认可你的能力，这也不是一个优秀的员工应该有的表现。

有人曾说：“太随和、太好说话的员工虽然试图借此给上司留下好印象，但结果往往不尽人意。凡事都要有度，太好说话不但不会让你有所收获，许多时候反而会阻碍你的职业发展。”

夏明是一名律师助理，他的老板是一个很强势的律师，平时总是指使他干这干那。有一段时间，老板的妻子出差去了，于是老板让夏明做一些根本不属于他职责范围的事情。比如，帮他到幼儿园接孩子，然后在办公室照看孩子直到下班，要么就是替他到干洗店取衣服。

起初的时候，夏明心中还窃喜，认为老板让他做这些私事，是出于对他的信任。但久而久之，他发现完全不是这么回事，老板只是看他好说话，在占他的便宜而已。他心里便有些不舒服了，心想自己是工作上的助理，又不是生活助理，有什么义务帮他做那些工作之外的事呢？

可是要拒绝老板，夏明却也没有那个勇气。想着等老板妻子从外地出差回来，一切就会恢复正常，夏明还是忍了下来。

遇到这样的情况我们大多数时候也会跟夏明一样，因为害怕伤了老板的面子而忍气吞声，却没有想到自己的这种不作为，正是纵容老板继续占你便宜的元凶。

你也许认为老板妻子回来后，一切就会回到原来的轨道上，老板就会像以前一样，平等地对待你。然而大多数情况下，事实都不是这样的。当老板习惯了肆意指使你之后，就算他不再让你去接小孩或者去干洗店取衣服，也会指使你做别的事情。

是时候让他住手了，该拒绝的时候，就要勇敢地拒绝。在工作中，决不能成为一个任人揉捏的软柿子，否则，必然会麻烦不断。

选择性地拒绝你的上司是非常重要的，但是在现实中做起来往往又不是那么简单的。上司毕竟是上司，他每天都管着你，可能一句话就能决定你在这个单位的前途。面对他们，简单的一句“不”也不是那么容易就能说出口的。所以，在拒绝上司的时候，还应该掌握一定的技巧。

老板找你办理私人事件时，如果不是很重要又有时间限制的，可以借手头工作的重要性和时间节点加以回绝，一般情况下，老板都能理解，转而安排他人去办理。如果你的上司给你安排了一些任务，但是你因为还有其他的事情没有完成，而无法接手，那么你可以主动请求上司帮你定出先后次序。这时候，通情达理的上司，定然会体谅你的难处，也能体会你的认真谨慎，自然会把一些细枝末节的工作交给别人去处理，不再强迫你。你也可以委婉地告诉老板现在手头这件工作必须要你本人去处理，并推荐一个踏实能干的人给他。

如果你的上司要给你额外的工作，需要让你双休日加班完成，但是你双休日已经另有安排了，那你就要将你的实际情况直接告诉上司，然后向他保证会尽力把正常的事务处理好，但超额的工作就不能应付了。上班的时候全力以赴，提高工作效率，下班后跟老板打声招呼，然后去忙自己的事。这种隐性的拒绝不但不会让上司觉得不舒服，反而会让他觉得你很敬业，不会因此而忽视你。

同时你也可以和老板坦诚沟通一下，向他说说你对自己的岗位、职责和工作任务的设想，也可以试着大胆要求老板解释为什么要给你安排某些额外的任务。而且了解老板的想法也会对你的职业生涯大有帮助，让你能够在自己的前途问题上做出明智的决定。要注意的一点是，表明了自己的态度之后，就不要再反复了，不要因为老板的“甜言蜜语”就动摇自己的意志，如果你三言两语就被说服，反而会让老板觉得你这个人不太可靠。

5.当你忙的时候，拒绝同事的不合理请求

身处职场的我们，常常要面对同事的请求，如果是力所能及的事情的话，那还好办。但如果是一份难度很高，超出我们能力范围的事情，或者说在我们很忙，根本就没有空余时间的情况下，那就有点难以抉择了。拒绝了吧，毕竟大家同事一场，面子上实在抹不开。但是如果不拒绝，先不说我们是否能够做好，费了许多时间和精力去帮别人，很可能还会影响到我们的本职工作。

李浩和金文是同事，他们是同一年进入公司的，而且年龄差不多，所以关系很要好。两个月前，李浩和公司另外一个部门的一个女孩谈起了恋爱，此后便常常将自己没做完的工作拜托给金文，自己则赶着去约会。

一开始的时候，金文还是很为李浩能够找到自己的幸福而高兴的，也非常乐意帮助他分担一些工作。但是两个月过去了，李浩不但一点不知道收敛，反而愈演愈烈，这让金文渐渐感到厌烦，他已经不愿意总是替李浩做事了。可是作为同事，他又不知道该怎么去拒绝。

这天快下班的时候，金文又接到了李浩的电话："哥们儿，江湖救急，帮我写个方案，客户已经催了好几次了，可是我实在是没有时间，等会儿还

得陪小美去逛街呢，只有辛苦你了，拜托了，这可事关小弟我的终身幸福啊！”

金文自己手上还有大量的工作没有完成，原想要拒绝的，但是听了这些话之后，那个“不”字却怎么也说不出口，只好又稀里糊涂地答应了。

很多人在面对金文这种情况的时候，给出的建议大多是“干脆拒绝算了”。当然，拒绝是肯定的，在我们没有那么多时间和精力的时候，自然应该先完成自己的工作，然后再去帮助别人。但若是不想得罪同事，从此反目成仇，那就要学会拒绝的方法，用生硬的口吻直白地拒绝对方，绝对不是我们最佳的选择。怎样的拒绝才能既不得罪同事，又能把这项工作顺利推出去呢？

首先，在拒绝之前，要认真地倾听别人的情况。当同事向我们提出请求时，他们心中通常也会不同程度地有些不好意思，担心我们会拒绝，担心给我们带来麻烦，所以会特别注意我们的表情，而倾听能让对方先有被尊重、被接纳的感觉。这样在我们婉转地表明自己拒绝的态度时，也能避免伤害他们的感情。而且我们在认真倾听了情况之后，对于对方的境地也就有了比较深入的了解，就可以针对他的情况，提出比较恰当的建议。这样，即使我们没有亲自帮助对方，也给予了对方以支持。

其次，委婉并坚定地拒绝。如果我们无法帮助对方，那就要坚定地拒绝，不让对方心存念想。但是我们拒绝的态度要诚恳，语气要尽量委婉，温和地表达比直接说“不”更容易让人接受。这就好比同样是药丸，总是外面裹上糖衣的更容易入口。

再次，陈述拒绝的理由和苦衷。在你拒绝了对方之后，对方肯定想知道你的理由，如果一句话也不说势必会引起误会，对方也许会怀疑你根本就不想帮助他，而不是没有能力。例如，当对方的要求不合公司规定时，你就要委婉地说明自己的工作权限，表示没有权力去做这件事，因为会违反公司规定。在自己的工作安排已经很满的情况下，就要让他清楚自己目前的状况，并暗示如果帮他这个忙，会耽误自己正在进行的工作。一般来说，同事听你这么说，一定会知难而退，再想其他办法，而不会无理地埋怨你。

有的时候，我们也可以尝试着从对方利益出发来说明自己爱莫能助的理由。从对方的利益考虑，往往更容易说服对方。比如，同事与你合作开发一个项目，而他要求你在一个不合理的期限内完成你那一部分工作，与其向他说明你不可能办到，不如让对方相信这种仓促行事的做法对整个项目而言并没有好处。这样的话，同事不仅不会怀疑你的意图，还会尊重你负责任的态度。

最后，事后表示关心。拒绝毕竟是一件伤害别人的事情，所以我们可以在拒绝之后的一段时间，适时地关心一下这件事。比如说，你可以问一句："哎，你上次那事解决得怎么样了？"这样即使对方没有得到你什么实质性的帮助，但知道其实你一直都在关心他，也会感觉到一丝宽慰。

6.如何拒绝朋友借钱，又不伤感情

借钱是个很敏感的话题，关乎面子和朋友之间的感情。有时候朋友需要帮助，自己理应伸出援助之手。但有时候不讲信用的人总会借钱不还，又成为一个大难题，借和不借都是一件麻烦的事情。大部分时候很多人都是不愿意把钱借出去的，若是肉包子打狗，有去无回，那就真的“提钱伤感情”，“人财两失”了。

孔元和江波是好朋友，两个人上学的时候就是室友，整天混在一起，工作后也在一个单位。工作一段时间后，孔元要辞职创业，作为好哥们儿的江波很支持他的想法，并表示如果有什么困难需要他帮忙，尽管说话。

孔元刚刚创业资金紧张，没多久自己的积蓄就花完了，便找到江波求援，向他借了一万，承诺三个月后归还。可江波由于才换了工作，自己也没有多少钱，但是好朋友开口，江波没法拒绝，只好硬着头皮借给孔元一万块。接下来的一段时间江波过得很拮据，苦熬了三个月终于等来了孔元还回来的钱。江波并没有和孔元说自己这三个月是如何度过的，他觉得要怪也只能怪自己不懂得拒绝，只好“哑巴吃黄连，有苦说不出”。

面对朋友借钱的请求，我们通常不知道该如何拒绝，因为拒绝很可能意味着伤害感情和面子，那么我们究竟该如何体面地拒绝借钱给别人呢？

借钱的理由千奇百怪，拒绝人的重点只有一个：如何让借钱的人舒服、不尴尬。尽管对方也清楚你只是想找个理由拒绝而已，不过，这样的理由听起来比较舒服，日后相处依然可以很融洽。总之，事先准备好一些合适的应对，总是有备无患的。

如果不是面对面地借钱，那拒绝别人的时候要尽量采取打电话的方式，这样显得你很重视对方，而不是敷衍他。也许借钱的人因为内心尴尬而不好意思直接给你打电话借钱，但是如若被借的这一方也是用短信去拒绝，就容易显得有点不近人情了。

朋友在日常交往中是平等的，但是一旦一个人开口向你借钱，那么，他会不自觉地就处于下风。如果他不是直接给你电话请求帮助，一般是由于两个原因：一是他觉得他开不了这个口，二是他觉得你有拒绝他的可能。假设你的确决定要拒绝他，那么不妨放下手中的事情，打个电话，安抚一下处于劣势、焦灼不安的他，一方面表示对他的理解，一方面请他理解你的难处。因为有时候，我们需要的不仅仅是钱，还有心里的一份安慰，以及朋友间互相理解、互相照料的感觉。

一般来说，你可以坦白告诉对方自己的情况，这种方法尤其适合同学、朋友之间的借钱。同学和朋友一般都年龄相仿，经济收入状况也都差不太多，支出情况也比较类似。你需要买房，他也需要买房；你要结婚，他正好还准备要孩子呢；要了孩子，又得准备换学区房，诸如此类。总之，如果是和自己年纪差不多的同学和朋友向你借钱，你大可以以情相待，据实相告，不仅不伤害感情，还能加深对彼此的理解。“哦，原来我们都一样，都不是很富有呢。”

7.拒绝时不妨给出替代方案

别人有事情请求我们，自然是认为我们有能力帮忙，但是由于各种各样的原因，我们总会有爱莫能助的时候，那就免不了要拒绝。被拒绝的一方往往会心里不好受，也可能因为我们没有帮上忙而导致事情没有办成，出现很大的损失。所以，为了避免对方失望，也为了保持友谊，我们可以在拒绝的时候提出一些能够帮助对方的方法，来降低对方的失望度。

耿林是一家私营企业的人事主管，公司所有部门用人都要通过他。一位朋友了解到他的公司企划部一直缺人，便想要毛遂自荐。不过公司用人制度非常严格，耿林虽然让朋友带着简历来面试，无奈结果并不理想。让他进公司吧，等于养了一个庸才，会破坏公司的制度，影响公司的利益和发展；不让他进吧，多年的朋友关系有可能僵化。耿林感到很为难。

再三考虑之后，耿林还是拒绝了朋友。他把朋友约出来谈心，解释说："我们公司的制度非常严格，不是我让你进你就能进的，让你来面试已经是我所能做的最大努力了。你也知道了，面试结果并不好。我觉得如果你想从事这类工作的话，可以有针对性地学习一些关于策划的知识，然后再来面试，我觉得以你的学习能力一定没问题。或者你也可以去其他公司试试，你不是学平面设计的嘛，现在这方面的专业人才很吃香，相信一定有很多公司会抢着要你的。你说对不对？”朋友听了非但没有因为耿林的拒绝而埋怨他，反而非常欣慰能有这么一个为他着想的朋友。

拒绝别人的时候千万不要伤害对方的自尊心。别人来借钱或者请求别的事时，如果我们一副不爱搭理的样子说办不到，就会让对方很没面子，也会让我们的人际关系变得很糟糕，也许还会被认为是不讲人情、自私自利的人。

帮着别人想办法其实是一种把别人的事放在心上的表现。对方在被拒绝之后，看到我们如此热心，会认为“他真的是想帮助我，但是没有办法帮助”，这样的想法会使对方感觉到温暖。我们虽然不能亲自帮忙，但是可以帮着出谋划策，这样的做法能够抵消对方因被拒绝而产生的不满情绪。

比如，对方来找我们出去喝酒、吃饭之类的，赴约就会非常浪费时间，我们在拒绝时可以为其推荐其他人：“你可以找某某去啊，他是咱们办公室喝酒最厉害的……”这样就可以转移对方的注意力，使其“忘记”我们的不赴约，反而会非常感激我们：“哎呀，你怎么不早说呢，我正想找一个人拼酒量呢。”这样的拒绝就是良好的拒绝。

宏达建材公司一直与一家生产原木的工厂有着密切的合作关系。年底，原木厂厂长来到宏达建材，找到了王经理，王经理热情地招待了厂长，为他准备了一大桌子的菜。厂长在酒席间不断地给王经理敬酒，酒酣耳热之时，厂长终于说出了此行的目的。原来原木厂来年打算扩大规模，想找王经理借钱。王经理倒也爽快，问道：“你想借多少？”厂长说：“二百万。”

这么多钱可不是王经理一个人能决定的，何况公司到年底又发奖金又发福利，又赶上放假还停工了一段时间，账上余额已经不多，不能再贸然借出去二百万了，哪怕对方是多年的合作伙伴。

王经理思索了一下，钱不能不借，但也不能多借，还不能回绝得太生硬，影响今后的合作。缓过神后王经理说道：“厂长雄心壮志要扩大规模，我们当然是要支持的，但是我们最多只能拿出来70万。不过您不用担心，我给您介绍几个朋友，他们都是市里建筑业上声誉非常好的，他们能给您非常实惠的报价，好不好？或者我再给您介绍几个有钱的朋友，你们见一面，不过能不能成功得另说。”

厂长见到王经理如此真诚，感激道：“没事，王经理，您能借我70万我已经很满足了，更不用说介绍朋友！大恩不言谢，以后咱们两家公司更要长久地合作共赢啊。”

拒绝别人时帮忙想一些替代性的建议能够大大降低对方的损失，也能够挽回我们“不能作为”的形象。我们要让对方了解到我们是真的帮不了，而不是为了自己的利益不帮，否则很有可能会影响我们的人际关系，久而久之就会失去“民心”。

第九章

循着内心的方向努力，不做荣誉的奴隶

1.虚荣心不等于上进心

人们很容易将虚荣心与上进心混淆，二者给人的表面印象都是成功，给人带来的感觉都是满足，但实际上并不是一回事。心理学研究认为，虚荣心是种扭曲了的自尊心，是为了取得荣誉和引起普遍注意而表现出来的一种社会情感。

一个有虚荣心的人，不一定有梦想，也不一定有目标，他追求的更多是表面上的光彩，甚至不惜采取虚伪的手段，制造假象，以期得到别人的赞扬与羡慕，保护自己的自尊心，产生一种自欺欺人的满足感。总之，虚荣心看重的是别人的眼，而过分看重别人的评价的人，往往自我表现欲很强，还有强烈的嫉妒心。

而一个有上进心的人，心中有梦想，生活有目标，肯脚踏实地地奋斗，靠实际取得的成就得到别人的赞扬与羡慕，这样产生的满足感则日久而弥坚，受益终生。与虚荣心不同，上进心看重的是自己的心，有上进心的人的人生态度必然是积极进取、乐观向上的。

举个例子：假如你有这样一个目标，过年前赚五千块钱，用它买一部手机，再买一身漂亮的衣服。为了这个目标，你能吃苦耐劳，努力工作，这就是有上进心。相反，如果你一年碌碌无为，到过年时两手空空，向别人借五千块钱，买了手机和漂亮的衣服，让别人对你有个好评价，这便是虚荣心。

人有点虚荣心是不足为奇的，若能在前进的道路上既守住自己的心又兼顾了别人的眼，未尝不是一种美事。一个完全不在乎别人的评价的人，上进心也难免会打折扣，但可怕的是虚荣心过强。莎士比亚曾说："虚荣是一件无聊的骗人的东西；得到它的人，未必有什么功德，失去它的人，也未必有什么过失。"

在虚荣心的驱使下犯错的大有人在。比如，一些年轻人为了争取面子上的光彩，千方百计地在众人面前表现自己，却不愿做默默无闻、实实在在的工作。他们热衷于揣摩领导的意图，研究上司的好恶，然后投其所好，设法博得领导的表扬。而对于自己的缺点，则千方百计去掩盖，担心露丑。在生活中，我们也能看到有的人为了所谓的面子，不愿让人看出自己家里的贫困，恣意挥霍装阔佬；有的人高考落榜或入伍后被分配去养猪种菜，就不愿见到老师和同学，也不敢写信对父母和亲友们讲；有的人当兵两三年还没有入党，依然是底层小兵，就觉得无颜见"江东父老"……这都是因为他们把荣誉当成了金字招牌，是他们的虚荣心在作怪。虚荣心会毒害我们的心灵，稍有不慎，便会犯下错误。千万别让"上进心"成了虚荣心的借口和外衣。

于美慧小时候家里穷，砍柴、卖菜、卖冰棍这些辛苦活她都做过，从小就形成了要强的性格，她发誓一定要走到人前去，不让人看不起。

初中未毕业，于美慧就拿着一张招工启事外出打工去了。其实当时她的成绩还是不错的，但是家庭的经济条件不允许她继续学业。加班加点地干了一年，才拿到几千块钱。虽然因为省吃俭用足足瘦了十斤，但看着人生第一桶金，还是很欣慰的。

第二年，于美慧在姐夫的帮助下成为了一名检测人员。于美慧为了尽快熟悉工作，有时甚至会连续工作24个小时。这一干就是四年，她得到了公司上下的一致认可，并顺利当上了部门主管，不过于美慧已不甘心为别人打工了，她想自己干一番事业。

那年年底于美慧拿出自己的所有积蓄，又贷了款，利用之前所学的一技之长办起了工厂。最初因厂区靠近居民区，工艺又不成熟，周边居民的反响很大，经常上门闹事。于美慧顶着巨大的压力一边安抚居民一边想办法提高技术。经过两年的努力，他们工厂的产品出厂合格率高达100%，而且市场反应良好。于美慧并不满足于这样的成绩，因为这只是她的起步，她深知自己和工厂还需要不断学习进步。现在的她已靠着自学拿到了文凭，完成了当初未竟的学业。于美慧很欣赏马云所说的那句话："书读得不多没有关系，就怕不在社会上读书。"

要上进就要努力奋斗，有明确的目标就有前进的方向，还要明确自己的优势和劣势，知道什么适合自己，什么不适合自己。当然，还要让自己具备良好的习惯和过硬的行动力，凡事主动去做，绝不拖延。同时决断力也是必不可少的，勇敢地做出抉择，并无畏承担可能的后果，不找借口，不为自己开脱。认定了一份工作就要坚持下去，持之以恒，不轻易放弃。勤奋是通往成功的钥匙，只要努力克制自己，就会收获很多意想不到的惊喜，成功的道路也将不远了。

2. 不做第一又何妨

很多人的人生信条是“要做就做最好”，学习、工作一路冲锋，考重点中学、上名牌大学、出国镀金、跻身精英……可永远想着超越，就永远感觉自己还不够完美，以至于每天战战兢兢，如履薄冰。

白岩松曾在《白岩松致儿子的信》中告诫自己年幼的孩子：“争第一的人，眼睛总是盯着对手，为了得到第一，也许很多不善良的手段都会派上用场。也许，每一个战役，你都赢了，但夜深人静，一个又一个伤口，会让你触目惊心。何必把争来的第一当成生命的奖杯？我们每一个人，只不过在和自己赛跑，在那条长长的人生路上，追求更好强过追求最好。”第一只有一个，但如果你愿意像写作文那样另起一段，依然能找到适合自己的位置。

2006年，尚雯婕的人生迎来了成功考入复旦大学后的第二个小高峰——获得超女冠军。“第一”这个名头很棒，耀眼夺目，象征着经历了血雨腥风，最终取得胜利。这个“光宗耀祖”的光环让八辈子不联络的亲戚和亲戚的亲戚如潮水般送来了春晚那种排山倒海式的贺电，也让尚雯婕感到了“人怕出名，猪怕壮”的烦恼。

尚雯婕就这样进入娱乐圈，但紧接着就火速经历了解约、签约、转型、失败、惨淡、待业的波折，然后再转型。然后，尚雯婕就成了很多人眼中的“雷母”，还被质疑整容，更有许多前辈和前辈的前辈建议她转行。她有过犹豫、挣扎，甚至产生了放弃的念头。但是她不甘心，当初那么努力获得了冠军，又背负了几百万的违约金，难道就这样弃甲败逃吗？

面对如此低谷，尚雯婕对父母说：“如果这个行业不能给我一个饭碗，我就自己给自己造一口锅！”尚雯婕认为，“被动”就是等死，“主动”才能改变人生。于是，她开始重新思考自己的事业，开始仔细梳理自己的过往与未来。她想在一个陌生又未知的领域里站稳，还想走起来，当然最后的目标是跑起来，跑得飞快。尚雯婕总结出了三个字：靠自己。外力当然可以辅助她成长，不过，她认为自己也一定要有一技之长，最好多才多艺。于是，她开始学习创作，自掏腰包和团队环游世界去学习，去了解世界各地的创意与时尚，试图在多种艺术形式中找到适合自己的方向。

在《蒙面歌王》总决赛直播前夜，尚雯婕在博客上发文《致年轻的你》，总结了自己的心路历程，得出“不争第一，只做唯一”的结论。这是她在亲身经历了“辉煌之后的低谷”后，思索到底什么才是真正的“高存在感与高价值”得出的感悟。现在的尚雯婕只想成为华语乐坛的唯一，唯一用时尚艺术的视觉语言为辅助去呈现电子乐背后的精神世界的唱作人。同时，她也用自己的经验教训告诉所有有理想、有野心的年轻人：做最好的自己，做唯一的自己！

太过重视第一的人往往活得很累，第一的诱惑总是在眼前吸引着我们，于是，原本美好的生命就变成了劳役。现在站在第一的位置的人不一定是人生赢家，这份荣誉只是一时的风光，换不来一世的顺畅。因为时代的风向总是在转变，你的名字不知何时就会随风吹散。当你尝尽众人之上的滋味，那么下落之时感受到的可能就只剩悲凉了。

松野明美曾是一名马拉松运动员，一直成长在胜负的世界中。对她来说，勇争第一，人生才有意义，所有的吃苦和锤炼都是为了争胜。退役后也还是一样，处处争强好胜，不甘人后。争第一就是她人生的全部。

松野明美的第二个孩子健太郎患有唐氏综合征。由于先天性疾患，健太郎无法像正常儿童一样发育，他哥哥数个月大时会做的动作他却始终学不会，尿不湿必须一直用，长到3岁还不会说话。在一个朋友的建议下，健太郎开始了每周5天、每天2小时的矫治。矫治专家一对一地从握手、轻抚开始，到和他说话、做游戏，慢慢地，健太郎身上竟发生了意想不到的变化。而随着儿子的变化，松野明美自身也发生了改变，她开始不介意别人会怎么看，勇敢地带着儿子出现在别人面前……

健太郎教会了以往只懂得争第一的松野明美一个道理：人生不妨走得从容点，最重要的是按自己的步调走。要不是他，松野明美差点就错失了人生最重要的一件事。

每个人都想取得辉煌的成就，都希望自己所做的一切能够得到别人的认可和赞赏，希望自己走到哪里都有面子。但实际上并不是每个人都能风光无限地站在聚光灯下，大多数人只能在自己平凡的岗位上做着平凡的事，默默无闻地度过一生。难道我们能说大多数人的生命都是毫无意义的，无丝毫幸福可言吗？

3.不去功利地争输赢

我们无需功利地在意输赢，要学会享受过程。中国女子羽毛球运动员张宁，1994年就代表国家队出战。虽然一直在国家队，但很多年里她的状态都不是很理想，只能在国家队任第三单打。2004年，在她29岁“高龄”时，却达到了运动生涯的巅峰，取得了奥运会单打冠军。当被问及状态如此之好的原因时，她说：“以前我是为取得好成绩而训练、比赛，现在我是真正从内心里喜欢羽毛球运动，我享受着每一次训练和比赛，所以和成功越走越近。”结果带给我们的往往是一时的情绪，而过程带给我们的是生命中最珍贵的体验。把胜负看得淡一些，是一种生活智慧，尽情地享受过程才是真正的胜利，也是一种人生的乐趣。

2008年北京奥运会，姚明带领的中国男篮迎面撞上最为强大的美国男篮，各国的篮球迷都予以密切关注，白岩松也不例外，他回忆道：“记得在八月六号的时候，当时我和姚明私下里聊天，就谈到了这五场小组赛怎么打的问题，我还曾担心，为进前八，放三场硬仗，打美国西班牙希腊拼一会儿就算了，留全部的实力去拼安哥拉和德国，这样，我们只能看到两场好看的比赛，因此我的意思是：不为前八，而是为了打五场好看的比赛给观众可不可以？听到我的这个意思，姚明的第一反应是：‘干吗五场，也许七场呢？’接着他说：‘不会的，我们会场场去拼，老尤（时任男篮主教练尤纳斯）也不是这样的人，他都不懂放几场比赛的意思！’”

这样，白岩松和姚明就有了一个约定，那就是男篮好好地打比赛而不去考虑结果，白岩松他们则超越胜负地去关注，不以胜败论英雄。最终，中国男篮在北京奥运会的赛场上打出了自己的风采，虽然输了比赛，却赢得了全世界球迷的尊重和欢呼。

莫以成败论英雄，体育场上的角逐并非只是为了金牌。我们无法把握结果，但我们可以享受过程，享受成长的过程。“享受比赛”是一种境界，王治郅在多年运动生涯后领悟到要学会享受比赛过程，而不去在意最后的结果。“享受过程”也是真正的职业精神，李娜在一些比赛中明明获胜无望，但仍会不屈不挠地战斗，沉着镇定地打好每一个球，正因如此，她才赢得了无数球迷的热爱和尊敬。

结果如何有时并不重要，重要的是要在过程中有所收获。比如，一个初出茅庐的新人要去参加一个业内含金量很高的比赛，别人都会嘲笑他不自量力，并且劝他尽早放弃这样不切实际的想法，不要浪费时间做这种无用功。可是，他还是一心一意地为比赛做准备，还会提早来到赛场，仔细观察其他选手是如何做赛前准备的。比赛期间，他更注意观察别人的作品，然后仔细对照自己的以找出不足。最后，他虽然失败了，但也因此结识了那些经验丰富的老手，从大师那里学到了很多专业知识，这已经是最好的奖赏了。

2015年4月28日，参加苏州世乒赛的尼日利亚选手奥绍奈克度过了自己的40岁生日。她的运气不太好，女单首轮就碰上世界排名第一的丁宁，结果几无悬念地以0比4告负。不过奥绍奈克觉得这个生日过得很有意义。

在丁宁连下四局后，奥绍奈克拉着这位世界“一姐”走到尼日利亚教练所在区域。教练拿出一个平板电脑，两人对着镜头完成了合影，奥绍奈克满足了自己作为一名“粉丝”的愿望。“我觉得自己并没有输掉什么，每个人都知道她。今天是我的生日，所以我不会感到难过。”奥绍奈克说。在赛后的混合采访区，丁宁和奥绍奈克的合影依然在继续着。奥绍奈克还接过一位记者递过来的手机，与丁宁来了个自拍。

尽管奥绍奈克已经40岁了，但依然奋战在世乒赛的赛场上，丁宁称赞道："这说明她很享受打乒乓球这个过程。"丁宁透露，奥绍奈克在赛前就找过她。"她说比赛当天是自己的生日，希望能在赛场上合影留念，然后分享给自己的朋友。"丁宁说。

奥绍奈克觉得："能在这个年纪与世界第一交手，这种感觉很美妙。我来到这里，就是享受乒乓球的乐趣，开心才是最重要的事情。"

有时候我们明知道自己会失败，也会全力以赴去应战。因为我们会在这个努力的过程当中得到很多珍贵的东西，例如经验、教训、友谊等，并把这些东西吸收为自己的宝贵财富。摔了跤，就知道下次怎样避免；掉入陷阱，就知道以后怎样去识别……亲身体验比谆谆不倦的教诲给人的印象要深得多。如果我们因为害怕丢面子而放弃努力，那么就会与这些珍贵的东西失之交臂。

相信我们很多人都有这样的体会：当我们把过多的目光放在结果上，一心想要达到某个目标时，常常会因为承受太多的压力而发挥失利。所以，与其紧盯胜利给自己加上无谓的包袱，还不如享受过程本身。

4.不要在别人给你的荣耀里忘乎所以

当我们获得了荣耀的时候，尤其是经过自己的不断努力好不容易才获得的荣耀，高兴的心情自然不用多描述。但是，当我们手捧着鲜花，听着他人源源不断的溢美之词时，一定不能忘乎所以。要知道那些荣耀都是别人给的，有句话说得好："水能载舟，亦能覆舟。"如果你不能冷静地对待，一味地在那份荣耀里耀武扬威，忘乎所以，最后恐怕只会由喜转悲。

李兴泽是三门峡市国税局原副局长，2001年3月，因贪污罪、挪用公款罪，被判处有期徒刑17年，如今他已经在监狱里度过了15个年头。谈起往事，李兴泽不禁生出无穷无尽的悔恨。"想当年，在三门峡市，我也曾是一个家喻户晓的人物，报纸上有我的事迹介绍，电视里有我的影像，就连收音机里也能听到我的声音，我被荣誉的光环笼罩着。可是，我却没有珍惜，在荣誉面前，得意忘形了，失去了原则，迷失了自我。"李兴泽回忆起当初自己风头正劲的时候，熟悉的人，不熟悉的人，都想着与他攀上关系，和他套近乎。这让他有些昏昏然，留了空子给别人钻，与他们称兄道弟，被动地结识了不少所谓的"铁哥们儿"。在他们面前，不讲原则，只讲感情，钱不分你的我的，拿来就要，一步一步走上了犯罪道路。想来，当年那些有求于他的人，其实都是在利用他。“他们是在害我呀！”“在一声声的吹捧、奉承声中，我沉迷其中，头脑一发热，做了违心的事情。不按照法律办事，幻想着人情可以大过法律，那都是痴人说梦，迟早会吃亏的。”李兴泽摘下帽子，搓了搓脸，神情凄凉。

说到亲人，李兴泽的眼眶有些湿润。沉默了良久，才渐渐地控制住了情绪：“因为我的犯罪，给家人带来了很多的屈辱，孩子们虽然已经长大成人，但发展得并不好。妻子来自农村，没有多少文化。因为她家没有男孩，我在家的时候是家里的顶梁柱，父亲、母亲和岳父、岳母都要靠我们两口子来照顾。我这一走，上有老、下有小，家庭重担都落到了妻子一个人的身上。”李兴泽很后悔当初没有听从妻子的劝告，“她文化程度不高，却很明白事理，时常善意地提醒我要管好自己、注意影响，交友、办事要慎之又慎，不该做的事情千万不要做。可是，我当时在兴头上，哪里听得进去她的这些话，全都当成了耳旁风，认为她不过是杞人忧天罢了。要是我当时能听进去就好了，或许早已经悬崖勒马，就不会有今天悔之晚矣的结局了。”

在别人给你的荣耀里忘乎所以很可能会造就一个悲剧的转折，使人和事由盛转衰，甚至一蹶不振；而懂得谦虚谨慎却能让人虽折不断、愈挫愈勇。无论我们获得了怎样的成就，或是有怎样不凡的能力获得了大家的认可，也请谨记：在获得荣耀与鲜花时，一定要懂得谦逊。千万不要把自己看得太不可一世，也不要太把自己当回事，更不要把自己看成是救国救民的大英雄，适时收敛起锋芒，沉稳地向下一个目标努力，才是长久之道。

京剧大师梅兰芳在1924年拜齐白石为师学画，这时的梅兰芳在京剧界如日中天，齐白石说：“你这样有名，叫我一声师傅就是抬举老夫了，就别提什么拜师不拜师的啦……”但梅兰芳坚持行了拜师之礼，全不因自己是名演员而自傲。

他学画也非常认真。那段日子，只要没有排练和演出，他就会按时到齐白石那里学画。进门先鞠躬问好，为齐白石老人磨墨铺纸。梅兰芳拜师学工笔画后不久，就已经画得非常生动了。

两人结识以后，每逢花开时节，齐白石就会到梅兰芳家去赏花，在看到梅家开得那么好的牵牛花之后，齐白石又开始画牵牛花，几经摸索变化，牵牛花成为了齐白石花鸟画中非常具有代表性的题材。后来，他还精心画了一幅牵牛花赠予梅兰芳，题曰：“畹华仁弟尝种牵牛花数百本，余画此赠之，其趣味较所种者何如！”梅兰芳非常喜欢这件作品，一直将它悬挂在起居室里。

有一次，齐白石和梅兰芳同到一户人家作客，齐白石老人先到，其他宾朋皆社会名流，或西装革履或长袍马褂，齐白石布衣布鞋的穿着显得有些寒酸，不引人注意。不久，梅兰芳也到了，主人高兴相迎，其余宾客也都蜂拥而上，一一同他握手。梅兰芳知道齐白石也来赴宴，便四下环顾，寻找老师。忽然，他看到了被冷落在一旁的老人，忙挤出人群向画家恭恭敬敬地叫了一声“老师”，在座的人见状无不惊讶。齐白石深受感动，几天后特向梅兰芳馈赠《雪中送炭图》并题诗一首：

记得前朝享太平，布衣尊贵动公卿。

如今沦落长安市，幸有梅郎识姓名。

有谚语说：“天不言自高，地不言自厚，以万物为参照，可洞观一己之不足。”真正有学识有本事的人是不会洋洋得意地到处炫耀自己的。我们这一辈子要攀登的高峰无数，获得一种荣耀就意味着我们胜利登上了一个高峰，但我们不能因此止步于这里的赞扬和掌声，沾沾自喜，忘乎所以，而应该把目光投向下一个高峰，去迎接新的挑战。

5.真正的荣耀只能依靠个人奋斗争取

在美国耶鲁大学300周年校庆之际，世界第四富豪艾里森应邀参加典礼。艾里森当着众人的面，说出了一番惊世骇俗的言论："所有哈佛大学、耶鲁大学等名校的师生都自以为是成功者，其实你们全都是失败者，因为你们以比尔·盖茨等优秀学生为荣，但比尔·盖茨却并不以在哈佛读过书为荣。"

几乎所有的人都会有一种强烈的"身份荣耀感"，以出身于一个富裕的家庭为荣，以毕业于一所名牌大学为荣，以在知名公司工作为荣。当然，不能说这种荣耀感是不正当的，但如果过分迷恋这种身份带来的荣耀，那么我们的境界就不会很高，格局也不可能很大。当我们陶醉于这种"身份荣耀感"时，我们其实已经被真正的强者看成了失败者。

富可敌国的巴菲特，却有个"穷儿子"——彼得·巴菲特。彼得19岁时辍学，准备投身于音乐创作。他用祖父留给他的为数不多的钱搬到了旧金山，租了一套小房子，成立了自己的音乐工作室。然后，他在报纸上刊登广告，为人们提供录音服务，每小时35美元。顾客断断续续地来，他一个星期只能录几个小时，赚一两百美元勉强度日。

彼得总是乐呵呵的，从不跟父亲说自己的窘迫，也坚决不跟他开口要钱，他知道就算自己开口父亲也不会给。某天彼得正在擦洗那部破败不堪的车时，邻居把他介绍给了自己做动画制作的女婿，为一个新成立的有线电视频道做10秒钟的插播广告，报酬1000美元。很快，那个电视频道大火，这就是著名的MTV音乐频道。从那以后，彼得可以靠作曲为生了。“扩大音乐工作室的规模、租房子、结婚，购置参加活动的西装，这些都是我自己挣的钱。”彼得得意地跟父亲炫耀，巴菲特也不说话，只是微笑着点头。

彼得一度想把音乐舞蹈剧《魂》做成巡回演出，但需要很大一笔钱。父亲跟他说：“你先去筹到90%的钱，剩下的10%，我借给你。”彼得专门去找一些并不认识自己是谁的机构和投资人，一旦有人对他的姓氏感到好奇，他就说自己与沃伦·巴菲特毫无关系。他宁愿大家是出于欣赏他的才能和人品，才对他施以援手的。靠着四处筹借的钱和父亲借给他的那10%，彼得策划、编写、制作的音乐舞蹈剧《魂》终于在华盛顿国家广场进行了盛大演出。

他出了数张专辑，凭借讲述印第安原住民的剧集《500部落》获得美国电视节最高荣誉“艾美奖”。然后，又凭借为著名电影《与狼共舞》的配乐，夺得了奥斯卡奖。他靠自己的努力，为妻子和女儿在密歇根湖买了别墅，也终于有了专业级别的音乐工作室。彼得更喜欢这样的称赞：“我很惊讶，你竟然没有子承父业，但我更惊讶的是，你居然成了音乐界的‘沃伦·巴菲特’。”

只有靠自己努力奋斗取得的成就才是真正的荣耀。就算你的家境很殷实，你也不能躺在上面坐吃山空；就算你的父母很有本事，他们终究不能护你一辈子；就算你师从名家大家，也并不代表你已经取得了胜利，实际上残酷的竞争才刚刚开始。

真正的强者能令身边的人都为他感到骄傲，但他靠的往往不是家庭、出身等给他提供的优越条件和荣耀，而是靠个人的努力。

要取得超越普通人的成就就要付出比普通人更多的努力，光靠天分是远远不够的。一位叫罗斯金的作家曾说："听到大家夸一个年轻人前途无量时，我总要问：'他努力工作吗？'"即便有过人的才干，如果不采取任何有价值的实际行动，才干也会慢慢消失，甚至变成你的累赘，发挥不了任何的作用。如果你觉得自己是个天才，如果你觉得你理所当然地会获得成功，那恐怕你只会变成全世界最愚蠢的人。你应该尽快调整心态，抛弃这种错觉，一定要知道：只有勤奋地工作才能使我们获得自己想要的成功，在获得成功所要具备的种种因素中，勤奋总是最重要的一个。

面对繁杂的工作，与其不抱怨，不如列出详细的工作计划和进度安排，讲究工作效率，注意整合资源及人员调配。在工作中不断地学习以充实自己，研究更高效的工作制度和方法，不断掌握新的技能。工作结束后注意总结，找出不足并想出应对方法，为下次的工作节省时间，这样你就会越来越游刃有余。面对困难不轻言放弃，在看不到希望、跌入谷底的时候，保持清醒和乐观。这个时候是最能显示一个人的真才实干的。当一个人事业不如意，遭人嘲讽和冷眼，但他仍然坚持不懈，琢磨着如何战胜困难，摆脱困境，从而发现新的工作方法，为自己打开一片新天地，那才是真正的强者。

6.何妨把鲜花让给其他人

在职场中，荣誉的光环和丰厚的利益就像是餐桌上的美味佳肴，只是，如今的我们已经不再是曾经那个闷头抢菜的小孩子了。

王欣欣在一家销售公司里当业务员，她性格开朗外向，又懂得察言观色，业绩一直不错。一次，王欣欣做成了一笔大单子，拿到了很高的业务提成，领导很高兴，又给她包了一个大红包，并在例会上当着全公司员工的面表扬了王欣欣。王欣欣对此“全盘收下”，自以为很了不起，之后也总是一副不把别人放在眼里的样子。渐渐地大家都疏远了她，不再配合她的工作，领导也开始从旁敲打。不久，王欣欣就不得不辞职了。

在任何一个团队里，每个成员的作用都是独一无二的，所做的工作也都是极为重要的，我们必须懂得尊重他人的劳动，感激他人的协助，万万不可盲目地认为只有自己的工作才是决定整体成败的唯一因素，而他人所付出的努力都是无关痛痒、不值得一提的小事，更不可在取得成绩之后目中无人。否则，等待你的必定会是“众叛亲离”的结果。这样的局面落在领导眼里，他难免会对你产生质疑，认为你在待人接物方面不够成熟，无法担当重任。

我们经常可以在各种颁奖晚会上看到获奖的艺人在接过奖杯的同时感

谢一连串的人，这绝不是作秀，而是对共事者起码的礼貌与尊重，也是一种为人处世的态度。因为，任何一项工作的顺利完成，都是团体共同奋斗的结果，功劳又怎么会仅仅属于一个人呢？如果你能够在获得荣誉之后向大家表示感谢，与曾经一起奋斗的战友分享头上的光环，也许更能彰显你的人格魅力，对日后的工作也会非常有利。

1953年5月29日上午9时，希拉里与诺尔盖到达珠峰南坡，此处山脊下降，然后突然升高10米，视野里出现了峰顶。在距离峰顶不足1米的地方，希拉里突然停了下来，他用手指着前方，对向导诺尔盖说："这是你的土地，你先上吧。"此后外界对谁是第一个登上珠峰顶的人争论不休。面对质疑，希拉里始终保持沉默，同时他拒绝宣布自己就是登上珠峰的第一人，只是表示两个人是作为一个团队登顶的。

其实，不要独享荣誉，说穿了就是不要去威胁别人的生存空间，因为你的荣誉会让别人变得暗淡，从而产生一种不安全感。而且"吃独食"的行为也会引起其他人的反感，为下一次合作带来障碍。假如摆正自己的心态，懂得去感谢，并学会与人分享，那么你收获的将不仅仅是荣誉。

"个人英雄主义"早已成为过去，今天，无论你从事什么工作、处于什么环境，都无法脱离其他人对你的支持，独自完成所有的事情。如果你的荣耀事实上是由众人协力完成的，那就更不应该忘记这一点。你可以采取多种方式与人分享，如请大家吃一顿，或一起去KTV唱唱歌，都能让团队感受到你的诚意。

记住，如果一个人习惯了独享荣耀，那么总有一天他会独吞苦果。

第十章

有真实自然之美，不借哗众取宠争面子

1.收起你可笑的优越感

现在刷朋友圈已经成为很多人的生活习惯了，每次打开微信都能看到大家在分享吃喝玩乐的状态。其实，大多数人都会不同程度地拥有某种优越感，比方说，收入上的优越感，外貌上的优越感，等等。但每个人都是平等的，你的优越感不应该成为你炫耀的本钱。

关伊娜周末的时候从商场采购回来，拎着一大包食物和日用品在电梯里遇见了三楼的阿姨。阿姨看到她拿着个大袋子，便问道："这是去买菜了吗？"关伊娜点点头。阿姨说："怎么现在才去买菜呢？都快中午了，菜都不新鲜了。"关伊娜解释道："因为今天休息，早上起得比较晚，所以才出门晚。"阿姨再次上下打量关伊娜一番说："怎么能这么晚才起来呢？一定是昨天晚上熬夜晚睡了吧？年轻人怎么不注意身体。"关伊娜十分不好意思地答道："您说得对，我下次一定注意，早睡早起。"接着，阿姨带着骄傲的神情说："我家的女儿跟你年纪应该差不多，她每天都六点起床去跑步，就连周末都不会睡懒觉。上班也总是第一个到单位，工作十分努力，现在已经是公司里的中层领导了。"

关伊娜一直盯着楼层数字，希望它快点到六楼。待电梯门一打开，她就一溜烟地冲了出去，只听见阿姨在后面喊：“女孩子家走路不要那么莽撞，我女儿就从不这样……”

关伊娜一整天都在觉得自己不争气的自责中度过，晚上跟邻居家的小姐妹讲这段“被教育”的经历时，小姐妹问：“是不是那个三楼的阿姨？”关伊娜点头表示同意。小姐妹说这个阿姨总是会对别人说自己的女儿如何如何优秀，然后说别人家的女孩子如何如何赶不上自己的女儿。后来，小区里的人都不愿意理她了，因为大家都不想被“刺激”。

不管你在哪方面向别人炫耀，都只会招来其他人的反感，聪明的人应该表现得更为谦虚。法国哲学家罗西发古曾说：“如果你要得到仇人，就表现得比你的朋友优越吧。如果你要得到朋友，就要让你的朋友表现得比你优越。”优越感会使人们对你敬而远之，使你逐渐失去朋友。

为了面子而去展示所谓的优越感会让你的朋友离你越来越远，也会让你活得越来越累。显示优越感其实是一种很轻浮的表现，尤其是在与他人交往的时候。

孟雨彤是一个从小在山里长大的女孩，也是村子里唯一一个走出大山的孩子。毕业后，孟雨彤以优异的成绩被一家大公司录取。工作中她加倍努力，几年后终于从一个贫穷的农村女孩，变成了一个生活优越的都市女子。

一天，小时候最好的玩伴石琳给她打电话说想到孟雨彤所在的城市打工，让她帮自己找个住处。孟雨彤爽快地答应了，把石琳安排在自己家。晚餐过后，孟雨彤向石琳介绍房子的结构，她拉着石琳一起躺在价值上万的按摩床上，并得意地向昔日的玩伴展示她的衣橱和梳妆台上精致的瓶瓶罐罐。孟雨彤大方地对石琳说：“你挑两件衣服穿吧，这里面有好多衣服我只穿了一次就再没穿过了。”石琳摸着衣服的手有些发抖。

周末的时候，孟雨彤带石琳去商场买了一些日用品，走出商场的时候，石琳突然说想家了。就在石琳进站检票的时候，突然塞给孟雨彤一个布包。孟雨彤打开一看，是一叠钱。再抬头的时候，朋友已经坐上了回家的列车。孟雨彤慢慢走在繁华的街头，心里翻江倒海，“难道我伤害我朴实的朋友了吗？”回想起自己带着炫耀的热情，孟雨彤知道她用光芒万丈的生活刺伤了刚从乡下来的朋友卑微的心灵。孟雨彤感到万分后悔。

中国有句俗话：“木秀于林，风必摧之。”人生在世，谁没有几件值得自豪的事情？但在你炫耀优越感之时，就无形之中衬托出别人的卑下来。嫉妒是人的本性，许多时候，我们的自吹自擂得到的不一定是别人的敬佩和崇拜，更可能是嫉妒之心。

2.虚荣心作祟的孔雀心态

网上流传着这样的段子：“带金表的爱拍腿，镶金牙的爱咧嘴，有纹身的都嫌热，用苹果的都没兜。”在朋友圈里总有这样的朋友，他们基本上“逢买必晒”，朋友圈的内容活似一联消费清单。逛商场要拍下商品包装，配文“哎呀，又超5位数了”；买到一个名牌包，除了多角度拍下酷照外，还要注明“限量款入手”。很多人只要有兴致，无论哪种环境都能激发他们自拍的欲望，咖啡厅、饭店、出租车，甚至在卫生间和被窝都要自拍一张美照。而且，这类自拍通常为45度角俯拍，基本上采用嘟嘴、皱眉等标准动作，辅以磨皮、亮眼、瘦脸的美图工具，力争秒变帅哥美女。

争强好胜是人们惯有的心理，却也经常因此给自己带来麻烦。这种认为自己最强的好胜心和攀比心就是“孔雀心态”。

沈静是刚刚步入大学校门的大一新生。进入大学后，沈静发现这是一个与高中有很大区别的环境，大家的注意力不会更多地放在学习上，而是更在乎吃穿用度的档次。在这样的环境里，沈静也变得越来越讲究，以超过别人为荣。她不会再以“合适就好”的标准来为自己挑选衣服，而是一定要买商场里的最新款，永远都要比别人穿得时髦。以前，沈静只是用一款中档的护肤品涂一涂，简单梳梳头发便出门；现在则非国际知名品牌不用，因为她一定要比室友用的牌子档次高。于是，沈静的生活费总是不到月底就花完了，她又不敢一直向父母要钱，就找各种借口向同学借。

期末临近，沈静的债主们陆续找上门来，她有点着急了。一次，沈静发现隔壁宿舍的同学毛青青新买了一台笔记本电脑，就起了偷窃的念头。她趁学校组织期末考试的时候，借口肚子疼离开了考场，带着准备好的工具潜入毛青青宿舍，将电脑偷走。没过两天，公安机关就将沈静抓获，并将电脑还给了毛青青。

在单位里见不得同事比自己穿得好、用得好，想尽办法要把别人比下去，看同事花三千买了件名牌服装，你就花五千买件更好的；看到亲戚戴了一枚钻戒，你就要买一枚更大的；老同学家里买了一辆小汽车，你眼红得不得了，如果家里的情况不允许，你失落的心情可能十天半个月都没法儿恢复……

“孔雀心态”是现在非常普遍的一种心理，它归根到底就是一种膨胀的虚荣心，是一个人借用外在的、表面的或他人的荣光来弥补自己内在的、实质的不足，以赢得他人和社会的关注与尊重，说白了就是为了让自己有面子。法国哲学家柏格森曾经这样说过：“虚荣心很难说是一种恶行，然而一切恶行都围绕虚荣心而生，都不过是满足虚荣心的手段。”人或多或少都会有点虚荣心，但如果虚荣心太过，就会出现心理失衡，演变成“孔雀心态”。

在雅典奥运会上，刘翔成为世界的焦点。“我的运动生涯才刚刚开始，以后还有无数辉煌要等待着我去创造。”这句话，让全世界人民记住了这个中国田径史乃至亚洲田径史上的奇迹。在四年后的北京奥运会上，观众满以为可以再一次看到奇迹，但他们看到的却是刘翔痛苦地撕下号码牌转身离开的情景。刘翔说：“如果不是万不得已，我不会退赛。”所以我们可以想象他的伤有多重。对于刘翔的退赛观众有很多种看法，但无论如何，刘翔没有为了一次比赛而牺牲自己的健康，牺牲自己的整个运动生涯，这是不得已，也是最明智的选择。

我们要秉持知足常乐的心态来面对生活，没有谁能够一生都事事如意，一帆风顺，所谓万事如意只不过是一种美好的祝福罢了。我们每个人都会遇到各种各样的挫折和失败，也会遇到各种各样的诱惑。如果我们能够做到知足常乐，不与人攀比，就会给自己省去许多麻烦和烦恼。

抱定“凡人心态”，给自己一个能够实现的奋斗目标，或把理想定在自己的能力范围之内。这样，我们就能从自己取得的一项项成绩中看到希望，享受到成功的喜悦。不将身边的同事和朋友作为攀比的对象，也就不会总是处于紧张的状态中。变“对手”理念为“帮手”理念，因为借力而行总比争斗前行走得快。另外，还要多看到自己的长处，没必要拿自己的生活去套别人的生活，保持自己的独特性，享受属于自己的那份幸福和美好就够了。

3.表现不过度，哗众取宠遭人烦

打开电视或浏览微博，你会发现努力博眼球的各路明星以及“语不惊人死不休”的网络红人数都数不过来。在日常生活中，爱出风头的人也不少。“枪打出头鸟”这句话我们在很小的时候就听老一辈的人说过了，其主要寓意就是教导我们不要事事争出风头。心理学家指出，爱出风头也要有度，因为极端爱出风头有可能是一种表演型人格障碍。这样的人，往往表现欲过度，通过夸张做作的言辞、动作和另类的装扮来获取外界对自己的关注，有些人可能还会通过夸大事实甚至造谣、传谣的方式来吸引眼球，这种情况在如今的“自媒体时代”随处可见。

易宇豪就职于一家外资企业，平日里在部门表现得十分活跃。在正式入职之前公司组织的专业培训上，他就表现出了很多优秀的特质：卓绝的领导能力、超强的组织协调能力和灵活的思维分析能力。

正式开始工作之后，易宇豪在每次会议上都积极表现，他总是可以让每个人在最短的时间内记住他，而且他所阐述的问题都切中要害，做出的计划方案也很有深度，所以，每次会议他都占据了一大半的发言时间和提问时间。因为他觉得自己的能力比别人都强，所以对同事总是爱理不理。同组的同事在跟他讨论方案的时候发现，他虽然有着很好的条理性，是一个合适的工作伙伴，却太爱表现，有一种咄咄逼人的感觉。

易宇豪就职两个月后，根据自己对市场的考察和了解，给公司的总监写了好几封邮件，向总监提出了自己对于公司运作的种种建议，受到了总监的赏识。连公司的老总都注意到他，并且点名表扬了他。他的业绩也远远超过了和他同时进入公司的其他员工。然而，就是这么一个集万千宠爱于一身的人，却在不久之后遭到了同事的反感和上司的侧目。一次，公司刚刚结束一个项目，老板请所有团队成员吃饭，大家在饭局上热切分享心得的时候，易宇豪却对公司团队的成果表示质疑，说了很多负面的话，让众人很是尴尬。慢慢地，同事越来越疏远他，上司也不再搭理他一连串的建议。

在工作中争强好胜，努力表现自己本没什么错，但一味地去抢风头就不太明智了。尤其是抢领导的风头，因为上司之所以成为上司，自有他的过人之处。在他付出了数不清的辛苦和艰难之后，却被你抢了主角的戏份，心情是可想而知的。所以，无论何种场合，一定要摆正自己的身份。

销售经理李伟带苏飞出差谈生意，因为甲方的客户代表郑敏是苏飞的大学同学，李伟希望苏飞能利用这层关系搞好公关。苏飞很快和老同学热乎起来，开始向郑敏介绍公司的产品。午餐时，苏飞找了一个环境比较安静的餐厅，点了几个小菜并把李伟介绍给郑敏认识，她告诉郑敏自己只是抛砖引玉，李伟才是“正主儿”。三个人边吃饭边谈生意，当然主要是李伟和郑敏谈，苏飞只是适时地补充一下。

一顿饭下来郑敏对于这单生意基本上已经认定了，苏飞便建议第二天大家就近游览一下当地的风景名胜。次日，苏飞化身导游，为李伟和郑敏介绍当地的风土人情和美味佳肴，并且还找到了两方共同的兴趣爱好。郑敏本就看好这单生意，这下更是当即拍板定下，更表示要长期合作。

经过这件事后，李伟觉得苏飞是一个得力的助手，很是赞赏她，回到公司后不久便提拔了苏飞。

常言道：“伴君如伴虎。”跟在领导身边确实是不容易的。反应迟钝，不能随机应变，会被认为无能；处处显得光芒四射、高人一等，又会引起不满。所以，作为一个明智的下属，应懂得恰当地烘托上司的主角光环，永远不要让自己的光芒遮盖了你的上司。

不过于表现自己，低调做人，可以很好地融入群体，与人们和谐相处，减少工作上的阻力。反之，如果不懂得内敛与谦和，处处锋芒毕露，那么你的人际关系就将陷入沼泽之中，工作中难免阻力重重。

4.讲大话的吹嘘者背后隐藏着什么

都说吹牛不上税，英国的一项调查显示，逾八成人承认自己每天至少讲一次大话。生活中也有很多人喜欢夸大自己的能力和身份，比如，在保险公司当业务员的年轻人总喜欢吹嘘自己手上有多少大客户，或者领导如何器重他，但这些未必属实。

喜欢吹嘘是没有实力的表现，本质就是通过自我安慰的方式，将虚弱无力的一面掩饰过去。很多人在没有取得成就之前，不断讲大话，一旦取得成就，反而变得谦虚起来，这证明人多半是在没有实力，无力证明自身能力的情况下才喜欢吹嘘。因为那个时候的他极力想找到一个证明自己的方式，而在他人面前吹牛皮就是在最短的时间里“证明”自己的方式，这是面子的需要。没有人喜欢自己在别人面前低人一等，没有人喜欢自己被别人比下去，有些人为了达到这个目的，便用吹嘘来对自己进行包装，以得到别人的认可。

安德兴在一家事业单位做统计员，工作十多年，一直是个小科员。这些年他在单位混得很不如意。他对工作总是不够上心，领导对他也不是很欣赏，始终没能得到升职的机会。郁郁不得志的日子让安德兴变了一个人似的，以前他从来不说谎，如今却变得大话连篇。

一次，一个朋友乔迁新居，邀请安德兴和他的妻子去做客。吃饭的时候，朋友告诉他们自己的侄子考大学没考上，全家人为此很着急。安德兴想都没想，就拍着胸脯对朋友承诺，他可以帮侄子搞定上大学的事情。坐在一旁的妻子一听，顿时大脑一片空白。因为她知道，丈夫根本帮不了这个忙，但是要制止显然已经来不及了。朋友一家听完安德兴的话，仿佛找到了希望，隔三差五地请他吃饭，还给他送礼物，希望他能尽快帮忙落实学校。最后的结果可想而知，事情落空，朋友很生气，跟安德兴断了往来。

那次之后，安德兴依旧不长记性，仍然在外人面前说大话。又有一次，安德兴无意听到妻子跟同事聊天，同事说其婆婆住院，医院没有床位，一直住在走廊里。安德兴立马夸下海口，表示自己可以联系医院的同学帮忙搞张床位。妻子哭笑不得，安德兴在医院根本没有同学啊。更让妻子头疼的是，同事天天追着自己问病床的事，让她无言以对，都不敢去上班了。

爱吹嘘的人往往故意夸大自己的生活或是工作的条件，但是，吹出去的泡沫总有一天会被戳穿，那时岂不是更加没面子？吹嘘之人在说出大话后往往做不到，所以容易遭人耻笑，吹嘘时赖以自豪的资本往往会成为别人茶余饭后取笑你的谈资，还会给人留下一个只会说不会做，办事不牢的印象，这会使得那些有实力的人不愿意跟你接触，更不愿意给你机会。

美国南北战争期间，北军统帅尤里西斯·辛普森·格兰特将军和南军统帅罗伯特·李将军各率大军交锋。通过一番空前激烈的血战后，南军一败涂地，李将军被押送到爱浦麦特城受审，并签订了降约。

格兰特将军立了大功，当受到人们的赞誉时他却很平静地说："这次胜负是由极为凑巧的环境因素所决定的，当时敌方军队在弗吉尼亚，几乎天天遇到阴雨天气，害得他们不得不在泥沼中作战。相反的，我们军队所到之处，几乎一直都是好天气，行军异常方便，而且有许多地方往往是在我军离开一两天后就下起雨来，这不是幸运是什么？"

格兰特将军还谦恭地说："李将军是一位值得我们敬佩的人物。他虽然战败被擒，但态度仍旧镇定异常。像我这种矮个子，和他那高大的身材比较起来，真有些相形见绌。他仍是穿着全新的、完整的军衣，腰间佩带着政府奖赐给他的名贵宝剑；而我只穿了一套普通士兵的服装，只是衣服上比士兵多了一条代表中将官衔的条纹罢了。”

他这番谦虚的话语说出来，远比自我吹嘘强得多。只有那些对自己的能力产生疑问的人，才爱在别人面前说大话撑面子，以掩饰那些令人怀疑的地方。一个真正有才干的人是不会自我吹嘘的，让事实去说明问题，比连篇累牍的吹嘘要强百倍。

我们在生活中与人相处时，稍有处理不当，就会招致不少麻烦。轻则会造成工作上的不愉快，重则会影响自己的发展。所以，与人相处要学会低调，要脚踏实地做事，用平和的心态来看待生活，看待工作，要少说多做，因为我们的社会是以人的成就和贡献为标准来评定一个人的。当你取得了成就之后，自然是一个有面子的人。

5.不懂不要装懂，夜郎自大遭人笑

《粉红女郎》中有这样一个情节，四姐妹一起去日本，出发之前，哈妹声称她去过很多次日本，去日本对她来说就像回娘家，她对日本潮流的了解比日本人还多。当茹男一行到了日本，跌跌撞撞走出机场时，一名司机拿着写了名字的纸过来，用日语问他们是不是谁谁谁，是不是订的哪家旅馆。几个人傻傻地看着哈妹，哈妹不动声色，一副了然的样子，不住地说着“嗨”。“嗨”了一阵子后，司机请他们上了车。大家都纷纷夸赞哈妹日语水平高，只有哈妹自己知道她实际上是稀里糊涂蒙混过关的。

司机把一行人带到一个叫“梦都”的旅馆后，却受到了接待人的呵斥。因为她们不是对方要接的人。于是，司机只好再回去找人。不过，这次接人算是歪打正着，朋友给他们订的就是这家旅馆。但是，接下来的事情可就不好“忽悠”了。最终，由于哈妹牛皮吹过了头，所有的谎话都被拆穿了，而她也因此受到了龚喜等人的责备，颜面扫地。

我们生活中总有些像哈妹这样的人，为了自己的面子，喜欢不懂装懂，但是到了最后，谎言被拆穿，不仅让别人嘲笑，更让自己很没面子。当然，信用也跟着大大降低了。

很多人以为不懂装懂可以使别人相信自己是一个内行，以此赢得别人的尊重，却不知孤陋寡闻是很容易露馅的。越是爱面子的人，越爱表现自己的才学。大多数情况下，他们对于某种学问或者技术不过只有泛泛的了解，居然就自命为专家，一幅煞有介事的样子到处宣扬。刚开始大家也许还以为这是个真有水平的人，可说上两句露了馅，大家就会在心里偷笑了。

其实，坦白承认你对于某些事情的无知绝不是一种耻辱，相反的，别人还会尊重你的坦诚和求知欲。对于你所不了解的事情冒充内行是一种自欺欺人的不老实行为。你知道多少，就说多少，不会有人要求你做一个百科全书。因为，即使是最有学问的人，也不可能无所不知。如果你总是摆出一副“万事通”的面孔来，总是唯恐被人看不起，结果只会让自己捉襟见肘，遭人厌恶。为了自抬身价不懂装懂，一旦被看穿，反而会令对方产生不信任感，不愿与你交往。

在生活的小问题上不懂装懂，别人可能一笑而过，不去跟你计较。但如果在工作中仍旧不懂装懂，不仅自己学不到更多的东西，反而可能会给公司造成不好的影响。等到真的要你去完成某项任务的时候再去对老板说：“老板，我不太擅长……”此时，老板肯定火冒三丈，更别提顾及你的面子了。因为对于老板来说，这样的员工已经丧失了基本的职业道德，是一个不合格的员工。

其实，遇到不明白的事情时，完全可以请别人讲解清楚，请教自己不懂的问题本身也没有什么可丢人的，还增长了学问，何乐而不为呢？古人说“不耻下问”，也是这个道理。古希腊哲学家也说过：“就我来说，我所知道的一切，就是我不知道。”这样学富五车的人都有“我不知道”的，我们平常之人还有什么可以“显摆”的呢？

6.骄傲是无知的表现

在生活中，我们常常会遇到这样的情况：越是知识渊博的人越表现得谦逊有礼，而那些“一瓶不满半瓶晃荡”的人却喜欢张扬自己。骄傲是一个人对自己在某个方面取得成就的肯定，是人对自己成绩的认知。生活中，我们总是不会缺少骄傲的理由。比如，去国外旅游，买个高档包包，都能引起骄傲的情绪。但过度的骄傲就是目中无人、不自量力的表现了。

骄傲的本质是自我崇拜，是虚荣心膨胀的体现。当一个人过高地估计了自己的地位、能力和财富，并为此自我陶醉时，便会产生骄傲的心理。真正有知识的人从来都认为自己没知识，爱因斯坦就说过：“我越往纵深研究，越感到自己的知识太贫乏。”骄傲的人，其实是无知的人，因为他们不懂自己的渺小。所以，我们必须要“戒傲”，做到有才学而不张扬，有情趣而不肤浅。

在生活中，很多人都不能容忍别人和自己持有不同的观点，尤其在自己干得很出色的时候，更认为别人都不如自己高明，有时还会把自己的观点强加给别人。实际上，你听不进别人的意见，别人也未必能听进你的，大家都认为自己的想法是对的，你批评他，他就会极力驳斥你，并维护自己的观点。这样争来争去，争得面红耳赤，只会大伤和气。

正确的方法，是认真听取并分析别人的观点，“为什么他要有那种观点？是不是有一定道理？”批评他人的观点，从某种程度上说就是否认他这个人。哪种观点更行得通，用实践来证明才是最有力的。

心理学家认为，每个人都希望得到他人的肯定性评价，都在不知不觉地维护着自己的形象和尊严。如果为人处世时过分地显示出高人一等的优越感，就等于在无形之中挑战了对方的自尊，对方的排斥心理乃至敌意也就产生了。古希腊一位先哲曾说:“傲慢始终与相当数量的愚蠢结伴而行。傲慢总是在成功即将破灭之时，及时出现。傲慢一现，灾祸必至，谋事必败。”

曾经有一个学者自认为学富五车，精通各种知识，无人可以和自己相比，他总是非常傲慢。他听到很多人都称赞一位禅师，说这个禅师才学渊博，非常厉害。学者很不服气，打算找禅师一比高下。学者来到禅师所在的寺院，要求面见禅师，并对禅师说：“我是来求教的。”禅师对学者打量了片刻，将他请进禅堂，然后亲自为学者倒茶。茶杯已经满了，但禅师还在不停地倒水，水溢出来，流得到处都是。“禅师，茶杯已经满了。”学者提醒禅师。“是啊，是满了，”禅师轻轻放下茶壶说，“就是因为它满了，所以才什么都倒不进去。就像你的心一样，它已经被骄傲自大占满了，你即使向我求教，又怎么能听得进去呢？”

曾国藩就力倡“戒傲”，他告诫家中的四位弟弟，不要恃才傲物，不见人家一点是处。傲气一旦增长，则终生不再进步。在信中，他又以自己的求学经历劝勉弟弟们。除此以外，他还用其他人因傲气而不能有所成就或被人耻笑的例子来告诫弟弟们。曾国藩总结道：“吾人用功，力除傲气，力戒自满，毋为人所拎笑，乃有进步也。”骄傲会让我们看不到眼前向前延伸的道路，让我们觉得自己已经到达山峰的顶点，再也没有往上爬的余地，而实际上我们可能正在山脚徘徊。骄傲是阻碍我们进步的大敌。

中国京剧表演艺术大师梅兰芳在艺术上造诣颇高，是行业翘楚，但他仍虚心学习。有一次，他出演京剧《杀惜》时，在众多喝彩叫好声中，听到有个上了年纪的观众说了声：“不好。”演出结束后，梅兰芳来不及卸妆更衣就用专车把这位老人接到家中，并恭恭敬敬地对老人说：“说我不好的人，是我的老师。先生说我不好，必有高见，定请赐教，学生决心亡羊补牢。”老人指出：“阎惜姣上楼和下楼的台步，按梨园规定，应是上七下八，博士为何八上八下？”梅兰芳恍然大悟，对老人家连声称谢。此后，梅兰芳还经常请这位老先生观看演出，请他指正赐教，并称他“老师”。这件事情传出后，顿时成为一段佳话。

只有谦虚谨慎，才能在人生之路上不断前进。古人讲：“君子宽而不慢。”综观古今中外成大事者，都是虚怀若谷、好学不倦的人，岂有骄傲自满者？

7.若真有本事，又何须炫耀

是金子，无论在哪里都会发光。如果你有能力，就无需炫耀自己，无需哗众取宠，无需靠别人的眼光来证明自己的存在。光靠嘴上功夫是吹不出实力的，你若有真本事，大家自然会看到，又何须炫耀？

网上盛传着《你若是狮子，何须炫耀？》的故事。一个身材魁梧的小伙子牵了一只价值百万的纯种藏獒出来遛弯，见人便夸耀怎么怎么好，没点力量都拽不住。一天，小伙子看路边有个秃了顶的老头，牵着一只毛都快要掉光了的狗，那狗也没什么精神，他的藏獒对它一顿嚎叫，那老狗理都没理。

小伙子想要耍威风，便走上前去说道：“老头，你那狗那么大，是什么狗啊？要不咱俩的狗斗一下？你的狗输了你给我五百块，我的藏獒输了我给你两千块。”老头淡淡地说：“要不赌大点？我的狗输了我给你五万，你的藏獒输了你给我三万。”小伙子觉得自己被挑衅了，顿时火冒三丈：“我这可是纯种藏獒，别说我没告诉你。赌了！”两条狗交锋不到两分钟，藏獒便败下阵来，再也不敢嚎叫。小伙子拿了三万块钱交给老头，郁闷至极：“大爷，你那是什么狗？怎么能这么猛？”老头边点钱边说：“我也不知道现在它算啥狗，没掉毛以前是叫狮子！”

在生活中，确实有些人总认为自己比别人的工作做得好，事事比人强。于是，他们就总是把得意挂在嘴上，逢人便夸耀自己如何如何有本事、如何如何富有，完全不顾及别人的感受，甚至没有想过倾听者是不是一个正处于人生低谷的人。他们总以为夸夸其谈就能够得到别人的敬佩与欣赏，而事实上，别人未必愿意听你的得意之事。在他人面前一定要多一点谦虚，少一点炫耀，尤其不要在失意者面前炫耀你的得意。因为那样只会衬托出别人的不幸，甚至可能会让对方认为你是在嘲笑他的无能，这只会让失意的人更加恼火，甚至讨厌你。

一家杂志社里有一位六十多岁的女员工。她工作认真勤恳，就算是生病也准时上班。她为人友善，对所有同事都非常和蔼可亲。而且她是一位老革命，曾在战火硝烟中出生入死，离休后她不愿闲着，所以就到杂志社干些抄抄写写的案头工作。

后来大家了解到，这位女员工还有一个特别的身份：她是当时广东省省长朱森林的亲家——朱森林的女儿是她的儿媳妇。这个身份并没有使她产生什么变化，她还是和过去完全一样，这更让大家对她刮目相看。

我们要让自己从内心谦逊起来，而不是假装的样子。要知道，假装的低调是没用的，因为它同样是一种炫耀的姿态。关键时刻表现出来的能力才更有爆发力，才能给人留下深刻的印象。而平时炫耀自己的人，把心思全用在了如何吸引大家的眼球上，心浮气躁，到了紧要关头，反而拿不出让人眼睛一亮的东西。

陈虎在一家公司做销售工作，公司里竞争很激烈，刚开始的时候，陈虎没有客户基础，业绩平平，毫不显眼。不过，陈虎为人厚道，做事踏实，一段时间下来很多客户都对他表示认可，愿意与他合作。到后来，陈虎并不需要多少努力，业绩也能名列前茅，但他还是像一开始那样认真工作，对人彬彬有礼，同事遇到困难他也会尽自己所能提供帮助。对于那些摸不着门路的新同事，他还会向他们传授自己的经验，使其尽快熟悉业务。公司里的同事对陈虎都是赞不绝口，受过他帮助的人更是心存感激。由于陈虎业务能力突出，在公司里又很得人心，领导很快就决定将他提拔至管理层。

反观同公司的沈鹏，业绩一直平平，却总是以一副“高才”的形象出现，每完成一单他都要找机会和同事炫耀一下，大谈特谈自己是如何如何和客户谈生意的，又是怎样凭着聪明才智敲定的，脸上带着一副骄傲的神情。时间久了，大家都开始疏远他，没有人愿意听他自吹自擂。

如果你是一个有能力的人，不要炫耀，也无需宣扬，只管安安静静地去做你要做的事，时间会证明一切。

8.敢于承认自己有不如人之处

孔子问学生子贡：“你和颜回比，谁的能耐大？”子贡回答说：“颜回闻一知十，我顶多只是闻一知三。”“弗如也。”山外有山，天外有天，面对比自己强的人，由衷地说一句“吾不如也”，不但不会贬损自己，还是一种值得称道的美德。“骏马能历险，力田不如牛；坚车能载重，渡河不如舟。舍长以就短，智者难为谋。生才贵适用，慎勿多苛求。”无所不知、无所不能的全才是没有的，再伟大的人总也有不如人的方面。同理，一个人在品格修养上也不可能尽善尽美，总有“吾不如也”的时候。只有敢于承认这个现实，才能清醒地看到自己的强项和弱项、优势和劣势、长处和短处。怕只怕明知“吾不如也”，却偏要与人争个胜负，分个雌雄，那就是自己难为自己了。

曾经有这样一个故事：有一个秀才坐渡船过河，秀才看到船上的竹篙，就问摆渡的船工：“你会吹笛吗？”“我哪会吹笛呢，只会摆弄撑船的竹篙。”船工笑嘻嘻地回答。“连笛都不会吹，你这生命的意义也就失去了百分之十。”秀才以一种谐谑的语气说道。船工只顾撑船，默不作声。秀才看到船上的缆绳，又一本正经地问船工：“你会抚琴吗？”“我也不会抚琴，只会鼓捣船上的缆绳。”船工仍然笑眯眯地说。“连琴也不会抚，你这生命的意义就失去了百分之二十。”秀才以一种轻蔑的口气说道。船工仍全力摆渡，低头不语。

秀才看到不远处的苇丛间惊飞的野鸭，随口吟咏起王勃的名句，又不屑一顾地问船工：“你会作诗吗？”“我每天的鞋子倒是挺湿的。”船工乐呵呵地说。“连诗也不会作，你这生命的意义已经失去了百分之三十。”秀才更加鄙夷地说道。不一会儿船到了河心，突然大雨滂沱，河流忽然涌起巨涛狂浪，眼看就要翻船，船工急忙问秀才：“你会游泳吗？”“我……我不会。”秀才惊慌失措地回答。“连游泳也不会，你这生命的意义要失去百分之百了。”船工以一种爱莫能助的语调说道。话音未落，渡船已被大浪掀翻，游上岸的只有船工一人。

生活告诉我们，只有敢说“吾不如也”的人，方可成为生活中的强者。因为，他们永远迫切地想学习新的东西。即使你智如孔明，富比盖茨，也会有办不到的事情。影视界有不少演艺名人弃艺从商，其中不乏成功者，但大多数都铩羽而归，个别的不仅老本亏尽，还负债累累。所以，在自己掌握不了的方面认个输，然后全力去做力所能及的事情，反而能取得比较大的成就。

王哲早年曾到大城市里闯荡，正好有一家杂志社招聘编辑，王哲又恰好是该杂志的主要撰稿人之一，于是，他自信满满地参加了招聘考试。出乎他意料的是，这家杂志社竟然拒绝了他，录用了另外几个写作水平明显不如他的应届生。王哲大为不解，一直耿耿于怀，认为其中必有人情关系。

有一次，一位编辑朋友临时请他帮忙，要他参与了一期杂志的组稿和编稿。在一个月的工作中，王哲了解到了编辑工作的流程。他发现作者和编辑是两种完全不同的工作，当编辑需要较好的策划能力和沟通能力，还要甘为他人做嫁衣，同时要有较好的耐心，专心做好编校、通联及其他一些看似枯燥无味，但又丝毫马虎不得的工作。这并不是会写稿就一定能做好的。

王哲终于意识到，当初之所以会输给其他应聘者，是因为自己不适合做编辑。明白这个道理后，王哲专心地做起了职业撰稿人，撰稿面越来越广，发稿量也越来越大，如今，他已经是全国有名的撰稿人了。

敢于承认自己有不如人之处才能更好地与他人合作，《史记·高祖本纪》载，刘邦在总结楚汉之争的得失时说：“夫运筹帷幄之中，决胜千里之外，吾不如子房（张良）；镇国家，扶百姓，给馈饷，不绝粮道，吾不如萧何；连百万之军，战必胜，攻必取，吾不如韩信。此三者，皆人杰也，吾能用之，此吾所以取天下也。”刘邦能够做到知人善任，得天下就是必然的了。正是敢于承认自己不如下属，他才能借各种人才的能力打败项羽，成就大汉王朝。

在生活中，我们切不可狂妄自大，以狭隘的心胸和目光随意把别人看“扁”。常言说：“三人行必有我师。”谦虚谨慎地以学生的身份为人处世的，才有可能在感到“吾不如也”后取长补短，不断地完善自己的思想品质和生存技能，从而立于不败之地。

第十一章

该争则争，放下面子赢得更多

1.属于自己的利益，别不好意思去争

我们经常因为不好意思争取属于自己的利益，而白白蒙受损失。尤其是和朋友发生利益关系的时候，更是觉得为了一点利益伤了和气就不值了，但是过后又非常后悔。其实，不管是朋友也好，同事也好，只要是属于你的利益，就应毫不犹豫争取到手。如果因为顾及情面，总是不好意思，最终吃亏的还是自己。

何雪颜在谈业务的过程中认识了一家装饰公司的陈经理，经过相处，两人成了朋友。一天陈经理打电话给她，说她们公司现在急缺人手，希望她过去做做兼职，就算是帮忙。何雪颜手头的工作不是很忙，于是就答应与陈经理谈谈。

来到了约定好的咖啡厅，陈经理开门见山："你开个价，如果双方都觉得合适的话，我们就开始合作吧！你也知道我们现在挺急的。"说到钱，何雪颜倏地一下脸红了，非常不好意思开口，于是客气地说："大家都是朋友，没什么钱不钱的。"陈经理一再要她出价，最后，何雪颜终于鼓起勇气说出了自己想好的价钱，但是被陈经理婉转地否决了。然后，她报了一个价格，还不到何雪颜所说的三分之一。

何雪颜一下子傻了，不知道如何是好，这时陈经理暗示道：“其实也不是没有商量的余地了，不过你确实要理解我们的难处。”见何雪颜没有说话，她又说道：“除了你策划的那部分费用之外，如果客户对你的设计满意的话，我们会另外给你算奖金。”

何雪颜仍然抹不开面子，不好意思为了几百块钱和她讨价还价，于是答应了对方。事后，何雪颜后悔不已。为什么自己要不好意思？缺人手的是她们公司，现在这样要多干多少活才能达到最初心目中的目标数字啊。再一想到人家给过她暗示，说还可以商量，可就是因为自己不好意思，白白放弃了争取更多报酬的机会，就更加郁闷了。

许多人在正当利益受到损害时，常常因为不好意思而选择放弃，其实这大可不必，只要是属于我们的利益，只要合乎情理，就要大胆地去争取。在利益面前，不要逆来顺受，也不要过分谦让，否则，只会助长他人的嚣张气焰，白白让人吞噬了自己的劳动成果。

人不可求非分之利，但不可不争应得之利。所谓“争”，也不是说像在菜市场买菜似的一分一厘地计较，但起码也要争个八九不离十。我们辛辛苦苦地工作为的就是能过得好一点，这是一个非常现实的问题，如果你羞于争利，结果应涨的工资未涨，应得的福利未得，势必会使自己的生活质量受到影响。并且，这种影响往往并不单单涉及一个人，你的家人也将跟着受“害”。

左馨和温美是多年的同事兼好友。最近，左馨做出了一个策划案，她正要将策划案拿给经理看时，在走廊碰到了送资料去经理办公室的温美，于是，两人就一起进去了。

经理看完策划案，以为是她们两个人一起做出来的，于是说道：“这个策划案我非常满意，你们就赶紧实施下去吧，我相信一定能为公司带来很高的利润，到时候少不了你们俩的好处！出去工作吧。”左馨正要解释这个策划案是自己一个人做的，不巧刚好有客户来访，只好出去了。

正如经理所说，这个案子非常成功，为公司带来了可观的利益。事后，经理将她和温美叫到了办公室，一人发了一笔丰厚的奖金。左馨看着什么也没做就白拿一大笔奖金，现在坐在那里笑得合不拢嘴的温美，心里颇不好受。思虑再三后，左馨说道：“不好意思啊经理，有件事我想说明一下，这个策划案从头到尾都是我一个人做的，任何人都没有参与。为什么温美却能得到和我一样多的奖金呢？”经理这时才知道自己弄错了，于是，温美刚刚捂热的奖金转眼间就到了左馨手上。

温美自知理亏，也没有埋怨左馨，只是笑嘻嘻地让左馨请她吃了顿大餐。左馨也没说什么，最后还送了温美一瓶她一直没舍得买的名牌香水。

很多人常常为了维护朋友的面子，或者自己不好意思拉下脸来，只好自认倒霉，又一个劲儿地在心里埋怨自己，却从来不肯把事情拿到台面上来说，生怕为此伤了和气。如果总是将面子放在第一位，那你只能一次又一次吃闷亏，而且你永远都不可能得到所有人的肯定。别人了解了你的这个弱点之后，还可能会加以利用，到那时，你就更加得不到任何好处了。

所以，属于自己的利益，一定要努力争取，否则你的“不好意思”只会给他人带来更多的可趁之机。人与人是不同的，有些人你对他退一步，他也会退一步来报答，那自然就海阔天空；但是，有些人你对他退一步，他却会紧逼一步，最后让你无路可退。正是我们的种种“不争”之举，才让某些人得以肆无忌惮地侵害我们的利益。从这个角度来说，其实我们才是让自己利益受损的罪魁祸首。

2.所有的吃亏都是“福”？

“吃亏是福”是人们常挂在嘴边的一句话。但是，如果吃亏真的是“福”，为什么人们又都不愿意吃亏呢？其实，把“吃亏”与“福”连在一起，透露出的是吃亏后的无奈和自我安慰的情绪。许多时候，你吃了亏而不与人计较，对方不会觉得你大度，反而会得了便宜还卖乖，觉得你是个什么都不懂的傻瓜，而他是凭着自己的聪明才占到你的便宜的。

并不是所有的吃亏都能算是“福”。比如说，你去市场买东西，结果商贩卖给你的货物缺斤短两，又或是以次充好，这样你无疑是吃亏了。又比如，你在单位上班，工作不比别人做得少，但是薪水却比别人低很多，这无疑也是吃亏了。吃这些亏都能算是福吗？当然不算，非但不能算是福，如果你吃完亏后，不采取一些行动的话，这个亏将来可能还会越吃越大。所以说，不该吃的亏，一分也不能让。就算吃亏了，也得让别人明白是你不计较，而不是不明白。

赵峰是一家软件开发公司的程序员，有一回他们小组承担了一个项目，已经快要完成的时候，突然发现软件中出现了一个很大的问题，导致前期的工作完全作废，给公司带来了很大的损失。

出问题的那一部分原本是由组长完成的，但是组长为了推卸责任，就把错误都归咎于技术骨干赵峰。赵峰给组长背了黑锅，心里自然很不高兴，但想着“吃亏是福”，就忍了下来。

岂料公司对于这次的事故非常关注，部门主管为了给上面一个交代，只好把赵峰当做替罪羊给辞退了。临走之前，赵峰决定请同事们吃饭，认为自己虽然吃了亏，但毕竟是给整个组的同事们承担了责任，大家应该会打心底感激他，过段时间再找工作的时候，同事们也会帮忙推荐他。

结果恰恰相反，赵峰后来找工作时，没有一个同事替他写推荐信或说好话。过了很久他才明白，如果同事们帮了他，就相当于认为公司的处理有问题，而他反正都已经吃亏了，也被开除了，黑锅不如背得彻底点，于是都往他身上泼脏水，以显示公司的正确。

从某种意义上说，“吃亏是福”确实没有错，但事实上很多人都误解了它的真实含义。人们所认为的“吃亏是福”，本身是一个利益交换等式，吃亏者并不希望利益白白受损，而是希望用“吃亏”换来“福”。吃亏只是一种“欲先取之，必先予之”的策略，这个“亏”就像是鱼饵。如果今天吃的亏能够换得明天更大的利益，那才算是福；如果不能，谁还愿意吃呢?

所以，用眼前暂时的损失去换取长远的利益，才是真正意义上的“吃亏是福”。否则，就是吃傻亏。正因为如此，还有一句话叫“吃亏在明处才是福”。明明白白地吃亏，让别人知道你是主动地吃亏，并认同你的吃亏，感谢你的吃亏，才能换取他们的“知恩图报”。

吃亏可能会是“福”，但是吃亏却不等同于“福”，吃亏就是吃亏。所以，我们在吃亏的时候，不要总拿“吃亏是福”这种话来安慰自己，麻痹自己，而是应该想想，这个亏是不是可以变成“福”，有没有吃的有意义。

如果吃这个亏无伤大雅，而且还可以显示你的大度，让对方对你心生好感，那吃下去也无妨；相反的，如果对方是个得寸进尺的人，你吃了亏，对方非但不会感激你，还会觉得你软弱可欺的话，你就要坚决奋起反击，让对方知道你不是可以被随意欺负的人。我们在与人相处的过程中难免会发生摩擦，吃点亏也是常有的事，这个时候我们是出手还击，给对方一点厉害瞧瞧，还是微微一笑，不去计较，就要看这个亏能不能带来“福”了。

3.职场遭遇抢功，不能哑巴吃黄连

电影《杜拉拉升职记》中有这样一幕：公司要装修，可要在有限的资金预算里完成装修任务很难，负责装修的公司骨干玫瑰请了“病假”，杜拉拉只好接手这个烂摊子。可当杜拉拉艰辛地按要求完成装修任务时，玫瑰回来了，并由她向美国总部头头介绍装修情况。玫瑰不仅把杜拉拉的功劳抢走，还大出风头。杜拉拉在日记里写下一句话：不努力工作是可悲的，不适当展示自己更可悲。

俗话说：“人在江湖飘，哪能不挨刀。”职场上总有一些人喜欢出风头，爱争功，将别人的功劳据为己有。我们常在职场混，难免会中枪。正所谓人多的地方是非多，职场犹如一个小社会，形形色色的人都会存在，自然也少不了那些自私自利、爱抢功劳的小人了。虽然古人有云：“宁得罪君子，莫得罪小人。”但是对于抢功的小人，难道只能“哑巴吃黄连”？自然不是的，我们的百般忍让并不会让他们有所收敛，反而只会助长小人的气焰。所以，该出手时就出手，决不能姑息养奸，让他们一次又一次地窃取我们的胜利果实。

当然，我们反击也不能是简简单单地以牙还牙，那样只会引起无休止的办公室争斗，从而影响到正常的工作，给公司带来损失，这对大家来说是没有好处的。所以，我们的反击要更有技巧，更智慧。比如说，我们可以以退为进。他不是喜欢出风头吗？那就让他出好了，我们索性抽身而退，看他一个人怎么演下去。

张平和黄耀同是一个部门的主管，张平属于埋头苦干型，总是承担最重要的那部分职责，但是他性格相对内向，口才也不怎么好；黄耀则能说会道，工作时通常只挑最简单的活儿干，但到了向领导汇报时，他往往会不动声色地化别人的功劳为自己的。

有一次，他们部门接手了一个重要项目，快要收尾的时候，老板到他们部门来考察工作进度。黄耀立刻一个箭步冲上前去，开始了口若悬河的演说，频频在主语应该使用“我们”的时候，使用“我”，在主语应该使用“某某”的时候，使用“我们”，还在老板询问进度的时候，恬不知耻地表示：“他们都做得非常好，基本上不怎么需要我的帮助，我只需要在一些关键问题上和他们交换一下意见就行了。”三言两语就轻而易举地将自己推到了项目主导者的位置上。张平脸都气歪了，但想着要是此时拆穿他，先不说老板信不信，自己首先就会被扣上一顶只注重功劳不顾全大局的帽子，于是只好暂时隐忍。

然后，张平趁着老板正在夸奖黄耀的当口，向老板提议由黄耀全权负责项目的结案汇报材料，而自己则根据下阶段的工作安排，开始做年终的其他工作。“我相信黄耀一定能够代表我们展现出整个项目的成果。”张平一边说一边还向黄耀点了点头，却看见黄耀的脸色已经由红润转向了铁青。

开完会，老板不顾黄耀的百般推脱，决定按照张平的提议把结题汇报的工作全权交由黄耀负责。黄耀对于这项工作知之不多，结果会如何，可想而知。

在面对同事抢功的时候，你要勇敢地站出来，争取自己的正当权益。必要时，甚至可以直接当着老板的面拆穿他。

刘凯部门里有一个“马屁精”，平日里工作时吊儿郎当，不是打游戏，就是跟人家聊天。临到工作汇报会，就把部门里新员工的工作成果全都算到自己头上，一直以来大家都拿他没办法。作为一名刚调到部门里的新人，刘凯也被他欺负过好几次。

在一次部门会议上，领导让员工们陈述公司的弊端，刘凯便直接把这个事情说了出来。也许是这份初生牛犊不怕虎的气势鼓舞了大家，那场会议几乎成了针对“马屁精”的批判会。会议结束后，“马屁精”直接被请到老板办公室“喝茶”，不久后，他就被公司辞退了。

当然，上述这种情况也有一定的限制，那就是要看你和对方在公司的人缘怎么样。如果你的人缘很好，对方的人缘很差的话，那同事们自然就会支持你。如果相反，对方只是抢你或是少数人的功劳，而他在公司的人缘比你要好得多的话，那你在部门会议上批评他的行为，可能就会成为你心浮气躁、目中无人、不顾大局的证据了。还是要具体问题具体分析，灵活应变为上。

4.别不好意思谈加薪

又到一年年终时，职场人除了烦恼如何写年终总结，还要为到底要不要和老板谈加薪而纠结。很多上班族都不好意思要求加薪，其实加薪在职场中是很正常的事情。事实上，当我们踏入公司的那一刻起，我们所得到的那份报酬都是相对较低的，因为几乎每家公司最初与员工谈成的工资都是有一定弹性的，如果我们只是默默地接受公司的安排，那么必然会觉得很吃亏。所以，工资不仅是靠工作挣出来的，也是靠谈出来的。

除非你是在那种政策性很强、工资制度很完善的公司里上班，否则千万不要忘了和你的老板谈工资。但是，谈工资并不是一件简单的事情，我们必须做好充足的准备，否则非但难以达成新的协议，还有可能影响我们的前途。谈工资一定要注意一下几点：

首先，要有充足的理由。只有工作业绩达到了一定程度，我们才有获得更多工资的资本。比如说，我们现在的工作是年薪十万元，如果我们想要二十万元，那么就必须有足够的理由说明多出的十万元是合理而且值得的。如果你没有足够的理由，公司是不会满足你的要求的。

其次，估量好形势。谈工资必须把握好时机，如果在不恰当的时机提出来，可能会让我们失去公司的信任和重用。如果我们真的做出了成绩，也许不用开口，公司就会主动给我们加薪。如果我们在这个时候跑去谈工资，公司可能反而认为我们爱斤斤计较，不堪重用。

那么谈工资需要注意的问题有哪些呢?

一、在单位盈利的时候找老板谈加薪

单位盈利的时候，老板肯定会很高兴，老板心情好的时候，找他谈什么事情都会比平时要容易得多。更何况公司盈利，本来就应该给员工奖励。这个时候去找老板谈加薪，老板一般是不会拒绝你的。

在外贸公司做业务员的董明亮已经在公司做了六个月，这六个月他一直都认认真真地工作,本来指望老板很快就给他加薪，可过了很长时间，老板一直都没有提过这回事。董明亮有点着急了，按说他们这种业务员薪水应该加得很快啊，他决定找老板去谈谈。可是，每次到了老板办公室的时候，又总是张不开嘴。

一天，公司接了一个大订单，上上下下都很高兴，老板也是眉开眼笑的。董明亮心想机会来了，于是就壮着胆子跟老板提了加薪的事。让他没想到的是，老板二话没说，就把工资给他涨了上去。

二、在老板不忙的时候谈加薪

很多时候，谈加薪都不是一时半会儿能谈好的，所以，我们要选择老板不忙的时间段。

老板闲着的时候，才有足够的时间听你把加薪的理由说完，才有时间考虑你的理由是否充分，也才有时间考虑给不给你加薪的问题。老板忙得天昏地暗的时候，你不知趣地去谈什么加薪，说不定不但加不了薪，还得挨一顿臭骂。

钱成在一家私营出版社工作已经一年了，可是工资一直没有上涨，他非常着急，决定主动去找老板谈谈这个问题。那一天公司接到了好几部书稿，由于人手不足，老板亲自上阵校对，大家都忙得要命。因为老板经常不在公司，大多数的时间都是在外面谈生意，平时很难见到他，所以钱成犹豫再三，还是决定趁这个机会，找老板谈一下。谁知道，他几次开口提起，老板却根本不理。最后被问急了，老板发火骂道："你想钱想疯了，没看到这么忙吗？你没事干啊！工作不好好干，还想涨工资，没门儿！"

三、不要扎堆找老板谈加薪

岁末年初是谈加薪的人最多的时候，所有的人都想在这个时候加薪。你要是去的时机不对，只怕不仅谈不成，还会给老板留下不好的印象，影响前途。

职场人士一定要牢记以上几点，不要盲目地去找老板谈加薪。找到合适的机会再谈，才能"钱途"与"前途"两不误。

5.该求人时，硬着头皮也要去

求人办事无疑是大家都不喜欢的事情，但无奈的是，每个人的一生中都少不了要求人的时候。不得已时，即使是刀山火海，该求人时还是得硬着头皮去求。

求人办事的确很艰难，可能会让你很没有面子，但是，这个世界上有许多的东西都比一时的尊严更重要。所以有的时候，有些事我们不得不做，有些人我们不得不求。

当然，求人办事也是要讲技巧的，为什么有的人向人求助屡屡告捷，有的人碰得鼻青脸肿也没有人肯伸出援助之手？这都是因为他们不懂得求人办事的技巧。求人办事并不是只要你开口说几句话这么简单，在这个过程中还要有一定的方法。

第一，要克服自己心里的障碍。这是最关键的，既然要求人，不如理直气壮地去求，没必要灰溜溜地乞哀告怜。唯唯诺诺并不会增加别人出手帮助你的几率，反而会让人心生疑惑，说不定还会怀疑你的请求是不是别有用心。底气十足的话，对方也就更愿意相信这个忙不会是白帮的。

第二，找准目标。在求人办事时，一定要先搞清楚所求之事的性质，从而找准能帮助自己的人。

第三，确定路线方法。要明白怎样去寻求帮助才是最佳捷径，是自己直接去求人，还是通过别人。有些时候，走直线的效果反而不如“曲线救国”。话说有一位先生带着美丽的妻子去买车，先生是个比较挑剔的人，售车员对着他废了大半天口舌，却没有半点效果。无奈之下，只好由老板亲自出马。老板没有再对先生讲不同车的好，而是将目标瞄准了他的妻子。半刻钟不到，老板就将妻子说动了，然后，妻子又说服丈夫买下了当时店里最贵的一辆车。

第四，注意你的态度。求人办事时的态度也是非常重要的，面对不同的人你要有不同的态度。对有些人你的态度要诚恳，这样才能打动他们；但是，对于另外一些人，则要换一种态度，因为，无论你用多么诚恳的态度，都不可能让他们伸出援手，只有挺起你的胸膛，让他们相信，他们今天帮助你，在不久的将来将会收获更多，他的帮助不是施舍，而是投资，这样你才能得到他们的帮助。

第五，要有耐心。求人办事，并不是一定就能成功，遭到拒绝是常有的事。这时，你不要觉得丢了面子，伤了自尊，更不能失去耐心，要从失败中找到原因。一次不行就两次，两次不行就三次，说不定对方就会被你的诚意所打动。或者他们被你打扰得不耐烦了，从而出手相助，也不是没可能啊。

第六，要理解别人的苦衷。每个人都有自己的苦衷，都有力所不能及的事，所以，在遭到别人拒绝的时候，理解别人的难处，多站在对方的角度想一想，不要一味地埋怨别人。

第七，不要给别人定太高的要求。别人帮助你是情分，不是义务。所以，我们求人办事要学会知足，对方能帮你多少就是多少，不求尽善尽美，只要尽力就好。把目标定得太高，就会给帮助你的人带去压力，下次他也许就不愿意再帮助你了。另外要注意的就是，哪怕对方帮的忙再小，也一定要懂得感恩。

只要掌握了以上的七点，那么，求人办事对于你来说就不再是难题了。

6.不怕“出丑”，敢于表现赢得更多机会

经常听到有人说：“我不怕露丑。”如果说这话的是你的朋友的话，也许此时你就会揶揄一句：“你脸皮真厚！”但是我们心里肯定不会这样认为，我们会佩服他，觉得他真是勇敢。因为“不怕露丑”需要一种莫大的勇气。

刘易斯从小就有一个梦想，他想要成为一位万众瞩目的演讲家。每当看到那些演讲者在台上激情澎湃地演讲时，他总是能够感觉到热血沸腾。但是他性格内向，就连和陌生人说话都会脸红，哪里敢站在台上，面对着万千观众侃侃而谈呢？

刘易斯从来没有上过演讲台，他害怕自己站到台上就什么都说不出来了，那多丢人啊。一天，他吃过午饭在操场上闲逛，突然发现篮球场上有一个瘦弱的身影在一瘸一拐地奔跑着。那是隔壁班的一个学生，天生跛足，却喜欢打篮球，所以天天都在篮球场上练习。因为跛足的缘故，他经常在奔跑中跌倒，引来一片嘲笑。但是，他丝毫没有在意，反而会附和着大家的笑声，然后私下里更加努力地练习。

看着挥汗奔跑的男生，刘易斯很受触动。“他可以，为什么我不行？”他这样问自己。于是，他给自己报了个演讲班，开始学习演讲。第一次登台

的时候，他竟然忘记了演讲词，下面的观众都开始起哄，叫他滚蛋，当时的他恨不得地上有条缝可以钻进去。但是他想到了那个跛足的男孩，便又有了勇气。“是的，我可以的。”

每当受到嘲笑的时候，他就想起那个男孩，然后告诉自己不要怕出丑。最终，他成为了一位远近知名的演讲家。

有位心理学家说过：“那些不敢表达的人完全生活在别人的目光下，他们觉得所有人都应该欣赏我，如果我让其中一个人不愉快，那说明我太没用了。”这些怕出丑的人给自己定的要求太高了，和来自别人的评判相比较，他们真正害怕的实际上是来自他们自己的评判。

如今的社会竞争那么激烈，我们身处在一个既能让人充分展示才华，又容易埋没人才的时代。善于表现自己的人，才华就能得到施展；反之，就可能会被埋没。“酒香不怕巷子深”的时代已经一去不复返了。保守含蓄的性格，在职场上是不利于发展的。任何一个职位，都会有若干个潜在的对手在竞争。不要坐等圣旨降临，要学会积极进取，掌握好时机，毛遂自荐，你才有可能迅速脱颖而出。

1986年，有着“世界歌王”之称的帕瓦罗蒂造访北京时，顺便去了趟中央音乐学院。当时许多有背景的人，都想让这位歌王听一听自己子女的演唱，希望得到他的指点。帕瓦罗蒂出于礼节，只得耐着性子听，却一直没有表态。

这时候，窗外传来了高亢的男声，唱的正是帕瓦罗蒂的成名曲《今夜无人入眠》。帕瓦罗蒂瞬间就被这个声音所吸引，他问：“这个唱歌的学生叫什么名字？我要见他，并想问问他是否愿意做我的学生！”

这个唱歌的学生叫黑海涛，是从陕北山区走出来的孩子，他非常想见一见帕瓦罗蒂，但是，他知道这个希望很渺茫，只好用自己的歌声来推荐自己。那一次，虽然因为签证的原因，黑海涛最终没能跟随帕瓦罗蒂去意大利深造，但两个人却因此结下了不解之缘。

1998年，意大利举行世界声乐大赛，当时的黑海涛正在奥地利留学，他非常想参加这次比赛，就给帕瓦罗蒂写了封信。之后，帕瓦罗蒂亲自给意大利总统写信，终于使黑海涛得以成行，并在那次大赛上获得了优胜奖。

许多人因为内向、害羞、怕出丑而不敢在关键的时候站出来表现自己，以致失去了很多宝贵的机会。其实，害羞和胆怯是大多数人的通病，那么我们应当怎样去克服这个问题呢？以下几点可作为参考：

第一，试着扮演一个理想中的你。胆怯的人常常过于关心自己的表现是否足够优秀，从而使得自己的心情无法放松。而作为“演员”，你只需完成角色的任务，而不必过多地考虑自己。所以，当你处于向老板提出加薪或是会见孩子的老师这种会让你紧张的情景时，不妨想象自己是在扮演某个角色，按事先排练的演出来。这样也许你会显得更有自信，更能充分地表达自己。

第二，先做社交热身。如果你害怕面对陌生人，不妨试着加入一个和你有共同兴趣的团体，先在里面找找感觉。因为，和有共同爱好的人交流起来会容易得多。等你适应之后，在其他场合也就不会再感到害羞了。

第三，做好事先的准备。正所谓有备才能无患，知己知彼才能百战不殆，所以要参加一个活动之前，可以先做好侦查工作，最好事先了解一下会有些什么人参加，他们将做什么，他们的兴趣在哪些方面。如果是一些你从来没见过的人，可以试着去了解他们的背景，这样在和他们交谈时就不会不知所云了。

第四，适当地改变你的身体语言。如果你实在做不到主动和别人说话，那么不妨先改变你的肢体语言，从面露微笑开始，向别人展现你的善意。

第五，不要急躁，慢慢来。克服胆怯心理是一个循序渐进的过程，不能操之过急，否则可能会适得其反。慢慢来，一步一步地战胜你的畏惧。

不怕出丑，勇于表现自己，会给我们创造更多锻炼自己、提升自己能力的机会，也许下一个站到成功的领奖台上的人就是你呢。

第十二章

伤什么也不要伤了别人的面子

1.当着瘸子不说短话，当着秃子不谈头发

每个人都有自己的弱点和缺陷，也许是生理上的，也许是隐藏在内心深处不堪回首的经历，这些都是我们不愿提及的伤疤，是我们在社交场合极力隐藏和回避的问题。若是被人当众揭短，脸面上自然过不去。

所以，对于他人的短处，千万不能用侮辱性的言语加以攻击。你若想获得朋友，就一定不要触动他们的短处。避讳不仅是处理人际关系的技巧问题，更是对待朋友的态度问题。为自己留口德，也就避免了祸从口出。

金正宇身材不高，还有点胖，一直没有女孩子青睐他，所以，他对此很是敏感。他有一个朋友叫庞策，身材高大魁梧，由于坚持健身更是有着模特一般的身材，庞策为此感到很自豪，特别是与金正宇走在一起时，更觉得有面子。

在一次好友聚会上，庞策跟大家闲聊时扯到了身高方面的话题。借着醉意，他越说越兴奋，越说越直白，炫耀自己高大英俊的外表多么吸引女孩子，还举例说一个追求他的女孩表示："男人如果矮矮的胖胖的，就会明显地显得先天不足，没有男子汉气概，很难激发女性的兴趣。"

在场的好友听到这里，都很自觉地停止了哄笑，有人还以咳嗽示意庞策

打住。但是，庞策正在兴头上，根本没有领会其意，继续聊着，最后还调侃起了金正宇矮胖的身材。金正宇更是脸色苍白，对庞策怒目而视。尽管他顾及当时的场合，控制了自己的情绪，但是对庞策的反感却难以平息。之后，金正宇每次见到庞策都会想起他那天对自己的嘲讽，便没了继续和他交谈的欲望，更不用说回应之后庞策的求助了。

有心也好，无意也罢，在待人处事中揭人短处都会让对方觉得不好受，轻则影响双方的感情，重则导致友情的毁灭。中国有“逆鳞”一说。逆鳞就是龙喉下直径一尺的地方，传说中龙的身上只有这一处的鳞是倒长的，无论谁触摸到这一部位，都会被激怒的龙杀掉。人也是如此，无论一个人的出身、地位、权势、风度多么傲人，也会有不能言及、不能冒犯的角落，这个角落就是人的“逆鳞”。

人们对于自己的短处就像龙对它的逆鳞一样敏感。一旦被触及，他们甚至会把别人的无意当成有意，把无关的事与自己相联系。有时，我们随口谈一点什么事，都很可能被视为对他们的挖苦和讽刺。因此，我们不仅应避免谈论别人的忌讳点，同时也应注意不要提及与其忌讳点相关联的事物，以免造成对方的误会，使他们的自尊心受到无谓的伤害。

美国前总统富兰克林年轻时很骄傲自大，言行举止咄咄逼人，一副不可一世的样子。后来，有一位朋友将他叫到面前，用很温和的语气告诫他说：“你从不肯尊重他人，事事自以为是，别人受了几次难堪后，谁还愿听你夸耀的言论？到时你的朋友将一个个远离你。你再也不能从别人那里获得学识与经验，而你现在所知道的事情，老实说，还是太有限了。”

富兰克林听了这番话后，很受触动，决心痛改前非。从那以后，他处处注意，让自己做到言行谦恭和婉，慎防损害别人的尊严和面子。不久，他便从一个被人敌视，无人愿意与之交往的人，变为极受人们欢迎的成功人物。

与朋友相处时，我们应该了解对方的长处和短处，以及对方的忌讳之处。如果你一时不知对方的忌讳是什么，说话就要谨慎。例如，在与朋友接触时，要多夸他的长处，毕竟好汉还是会愿提当年勇的。揭朋友伤疤只会勾起他不愉快的回忆，继而让朋友感到寒心，朋友可能就会有这样的心理："都已经是过去的事情了，现在还抓住不放，真是太过份了。"拿对方不愿提及的事做文章，就等于是在朋友的伤口上撒盐，这是让人难以忍受的。

许多人常常在激动或生气，但又讲不出道理的时候揭对方老底儿，于是，矛盾由此激化。就像夫妻吵架的时候，如果一方口无遮拦地说出："你过去做了……"另一方肯定会更为恼怒。要杜绝自己揭人伤疤的行为，除了知晓利害关系，提高自控能力外，还需完善自己的人格修养。在多管齐下的努力之下，相信你会更多地考虑朋友的内心。

2.在失意的人面前，慎谈你的得意

大多数人都喜欢把自己的成绩挂在嘴边，逢人便夸耀自己如何能干，如何富有，完全不顾及别人的感受，甚至不会注意当时的听众是不是正处于人生的低谷。与他人分享成功无可厚非，还会给他人带来喜悦，但是有一点一定要记住，不管你有多成功，在谈论的时候也要看清对象，千万不要在失意的人面前谈论你的得意，因为这无疑是在别人的伤口上撒盐。

有一天，孙荣轩约了几个朋友到自己家里聚会，主要的目的是想借着热闹的气氛，让目前正处于低落状态的石宇彤放松一下。

石宇彤不久前因经营不力，不得不宣布破产，妻子也和他闹离婚，现在的他可谓是内忧外患，不堪重负。朋友们都知道石宇彤目前的状况，因此，大家都避免谈及与此有关的事情。然而酒过三巡之后，其中一位就口不择言了，再加上他刚做成一笔生意赚了钱，忍不住就开始大谈特谈他的捞钱经历和赚钱后怎样纸醉金迷了一番，说到高兴处，还手舞足蹈，得意之情溢于言表，让在场的人都很不舒服。石宇彤的面色更是难看。他低头不语，一会儿去洗脸，一会儿又去上厕所，最后实在听不下去了，就找了个借口提前离开了。孙荣轩急忙跟在后面送他，石宇彤生气地说："他再会赚钱也不必在我面前炫耀，这不是成心和我过不去吗？！”

孙荣轩其实非常理解石宇彤现在的感觉，因为他以前也经历过这样的事情。在他最艰难的时候，正风光的亲戚却在他面前炫耀新装修的房子和新买的汽车，那种感受，真是生不如死。

人生得意须尽欢，如果正春风得意，要你不谈论是不太容易的，哪一个意气风发的人不是如此？但是，谈论你的得意时要注意看场合和对象，以防说者无心听者有意。在失意者面前，千万不要炫耀自己的得意。因为，任何一个失意的人都不愿听到这样的消息。你可以对你的家人谈，让他们以你为荣；也可以在公开场合演说，对你的员工谈，享受他们投向你的钦羡目光。但失意的人往往脆弱、敏感，你的谈论会让他觉得你“瞧不起”他。

一个聪明的人会将自己的得意放在心里，而不是挂在嘴上，更不会把它当作炫耀的资本。每逢开口说话，不管是什么内容，都要注意别让别人产生自己被比下去的感觉。

大学毕业五年后，班里举行了一个聚会，同学见面后纷纷聊起各自的现状。有的同学在国有企业里找到了安稳的工作，每天轻轻松松，收入也不错；有的同学虽然在小公司里工作，却也已经当了领导；有的同学毕业后就去大城市里闯荡，开始的时候比较艰难，现在也是风光无限……

其中，叶和轩是如今风头最劲的，当年时不时要挂个科的人现在开着宝马，住着别墅，经营着自己的公司，手下有两百多个员工，很多员工还是出身名校的高材生，学历比他自己都高。而曾经的好哥们儿毕宏伟的现状却差强人意，在一家小公司里当平面设计师，月薪只有三四千块钱，今年又有了孩子，负担更重了。叶和轩看到毕宏伟愁云满面的样子，问道：“遇到什么事情了？”毕宏伟笑着摇摇头，叶和轩继续追问：“有什么就说出来，我们是好兄弟呀……”毕宏伟便把自己的情况和叶和轩简单地说了说。叶和轩嗔怪道：“真是的，有难处怎么不告诉我，拿我当外人，明天你来公司找我。”毕宏伟感激地点点头。

一般来说，郁郁寡欢是失意者最普通的心态，但别以为他们只是如此。

听了你得意的谈论后，他们一般还会产生另一种心理——怀恨。这是一种转移到内心深处的对你的不满的反击，你说得口沫横飞，却不知不觉地在失意者心中埋下了一颗炸弹。

不过这种怀恨不会立即显现出来，因为他目前还无力显现，但他会通过各种方式来宣泄。他们可能会说你坏话、扯你后腿、故意与你为敌，主要目的则是看你得意到几时，而最明显的方式就是疏远你，避免和你碰面，于是，你无意间就失去了一个朋友。

也许失意者所采取的泄愤方式不会对你造成多大的损失，但至少也是你人际关系上的危机，是绝对没有好处的。所以，当你有了得意之事，不管是升了官，发了财，还是诸事顺利，切忌在正失意的人面前谈论。

弘一大师李叔同曾经写过一副对子："对失意人莫谈得意事，处得意日莫忘失意时。"春风得意会给你和家人长脸面，但若因此撕了别人的面子，便不过是为自己脸上抹黑而已。

3.给失误的人找个台阶下

在生活中，谁都可能会犯错误，也有可能陷入尴尬的境地。因而，给人一个台阶，是为人处世应遵循的原则之一。英国诗人华兹华斯说过："正义之神，宽容是我们最完美的所作所为。"给人一个台阶，正是宽容的一种体现。

原来在《非诚勿扰》的现场，作为点评师的乐嘉不仅要与主持人一起维系现场的情况，而且还要随时准备着，将嘉宾的一些不当做法做出合理的正面解读，可谓用心良苦。

在某期节目中，一位男嘉宾在节目里表现得很自以为是，给心目中的女嘉宾设定了很多圈子，遭到场上一众女嘉宾的讥讽，以及黄菡老师的批评。乐嘉出来打圆场说："我刚才翻来覆去地想了一下，你为什么会说出那样一番话，我想了一下，我觉得绝大多数人不了解你，我认为你是一个大彻大悟的大觉悟者。因为你决定从此刻开始起，改变你身上自以为是的弱点，所以此时此刻，你来到《非诚勿扰》，尽情地展示。但是，从今天、此刻开始，一个崭新的你就此诞生了！"

面对男嘉宾的自以为是，乐嘉故意"曲解"，给了男嘉宾一个台阶下。从"大多数人不了解他"的评述开始，一步步循序渐进，让观众从思想上摆脱男嘉宾“专治”的概念，顺道向男嘉宾暗示他今后要努力的方向，让他得以从众人的指责中脱身，男嘉宾内心自然是充满了感动。由此我们想到，必要的时候要尽量给别人一个面子，以免造成彼此的尴尬与不愉快。试想一下，如果你在某些公共场合因为无心而犯下一些过错，你的朋友当着众人的面毫不留情地批评你，你肯定会觉得无地自容，大失颜面，甚至会因此与朋友反目成仇。俗话说：“人无完人。”没有人能做到一辈子不做错事，对于那些不违反原则、无伤大雅、无关紧要的小事，何不给别人一个机会，给他们留点面子呢？他们会感激你的理解和包容，也会记住这次的教训，进一步提高自己，避免出现类似的错误。同时，这种大度也会加深你们之间的友谊。

抗战胜利之后，张大千准备从上海返回老家四川。临走前，一班好友为他设宴饯行，并特别邀请了梅兰芳等人作陪。宴会开始的时候，大家都请张大千坐在首位上，而张大千则风趣地说：“梅先生是君子，应坐首座，我是小人，应陪末座。”

梅兰芳和众人一听，大为不解，于是，张大千又解释说：“不是有句话讲‘君子动口，小人动手’吗？梅先生唱戏是动口，我作画是动手，我理该请梅先生坐首座。”大家听后不由大笑，请两个人并排坐在了首位。

张大千此举，实则是在主动为梅兰芳做面子，不仅让梅兰芳觉得感动，也让众人觉得张大千是个谦虚、豁达的人，同时也为宴会制造了宽松和谐的氛围，真是一举数得。可见顾及对方的面子在人际交往中是非常必要的。

每个人都有自尊，我们与他人交流时，一定要学会顾及他人的尊严和面子。毕竟，适时地给对方一个台阶下，也是处理彼此关系的最有效途径。

生活中真正伤害人心的往往并不是刀子，而是比刀子更为厉害的东西——语言。很多人一旦陷入语言的争斗圈中时，便会不由自主地焦躁起来，得“理”不饶人，非得对方鸣金收兵或竖白旗投降不可。尽管这么做可以让你吹响胜利的号角，但这也是下次争斗的前奏。因为，“战败”的一方和你一样，也是为了面子和利益，他当然要“讨”回来。

给人一个台阶，最能显示出一个人的良好修养。只有襟怀坦荡、关心他人的人，才会体贴地照顾到他人的颜面。在受到伤害时，许多人都会与对方针锋相对地吵闹一番，结果使双方都十分难堪。美国前总统林肯发火的时候，会尽情地写信发泄，等花了很多时间把信写好后，就已经心平气和了，自然能理智地处理问题。虽然给人台阶并不意味着一味忍让，但学会对人给予宽容，能避免许多尴尬。

4.反驳也要给人留面子

我们在生活中难免会和其他人的意见发生分歧。面对与自己意见相左的人，我们总喜欢进行反驳，非要争出个是非曲直来。可实际上，这样的争论往往是没有结果的，因为争论的时间越长，我们反倒会越坚信自己的说法是正确的；还会出现一种情况就是，虽然认识到自己是错误的，但也不会屈服，因为怕丢面子。在这样僵持不下的情况下，最好的方法就是给对方一个台阶下。

我国古代重要的政治家、思想家、外交家晏子，就是一位善于反驳，而又能恰到好处地保住对方面子的语言大师。齐国国君齐景公最心爱的一匹马突然得病死了。齐景公知道后非常生气，下令当场肢解马夫，并大声说："谁敢为他辩护就杀死谁！"

相国晏子对齐景公的行为十分不满。为了解救马夫，他急中生智，走上前去一把揪住马夫的头发，右手举起刀，问齐景公："大王，我有个问题不太清楚，要向您请教。古代尧舜这些贤明的君主肢解人时，不知是从哪个部位开始下刀的？"齐景公好大一会儿才明白，晏子原来是在讽喻自己，只得挥手说道："相国，别指桑骂槐了，我不肢解他就是。"

懂得说话艺术的人发现他人的错误时，只要无关大局，都不会大肆张扬，搞得尽人皆知，让本来可以忽略的小过失一下子变得显眼起来；更不会抱着讥讽的态度，认为“这下可抓到笑柄”了，故意来个小题大做，拿出来在众人面前取乐。因为谁都可能不小心弄出点小失误，所以即使对方犯了错，如果不是不可原谅，都要尽量给对方留些情面，做到既反驳了观点，也给人留了面子。这样不仅不会让对方难堪，保护了其自尊心，也不会影响彼此之间的感情。

一家公司的待遇很差，职工苦不堪言。每当有员工提出异议时，公司领导就会说：“之所以没有改善员工待遇，是由于员工没有才能，工作不努力，对公司贡献不大。”一旦有员工拿其他公司与自己公司做比较，老板又会说其他公司的职员都是正规院校出身，而自己的下属净是杂牌军。

一天，公司的一位高级职员实在忍无可忍，决心要向老板提意见。为了说服老板，他想了一个办法。针对公司近来迟到人数逐渐增多的现象，他向领导反映说：“新职员简直没办法到公司上班了！”“为什么？”领导奇怪地问。“坐公交太挤，坐地铁又太贵，我们公司的补助又不够，他们怎样才能解决这个问题呢？”“以步当车，一文不费，而且还能锻炼身体，这多好的事啊！”领导说。

“不行啊，鞋袜走破了，他们又买不起新的了。不过我有个办法，希望您出个布告，提倡赤足运动，号召大家赤脚走路来上班，这样问题不就解决了吗？谁让他们命不好，生在这个时候呢！谁让他们不去想发财的路子，非要当苦命的职员呢！他们坐不起车，也不能鞋袜整齐地来上班，都是活该啊！”职员摇摇头说。说得领导也不好意思起来，只好同意改善一下员工待遇。

就算要反驳他人，也要态度从容，说话稳当，先把对方的话简明扼要地总结一下，问他是否是这些意思，再找出你认可的方面，表示赞同，缓和他的情绪。然后逐层反驳，把轻的放在前面，重的留在后面，使他无法置辩。反驳也要低调，即使取得反驳的胜利，也不要洋洋自得。

要知道，我们指出他人错误的目的是为了让他们认识到自己的错误并改正，而不是要制伏他们，或把他们一棍子打死，更不是为了拿别人出气或显示自己的机敏和才能。反驳的目的是教育，如果你反驳的方式不当，让人觉得丢了面子，他只会恼羞成怒地埋怨你，而不是反省自己。不要不分场合地反驳他人的言论，组织好语言再说，这是让人保住面子的最好方法。不过，千万不要有斥责或讥笑的意思，免得引起新的纷争。

为维护主张而反驳，多少要先承认对方的若干论点，不必采取攻击的态度。倘若是在会议上，只要争取多数人的认同和响应便可。这种四面合围，不但力量雄厚，声势壮大，而且你也可以不必费多大的气力。

5.指出对方的失误时，要给对方留面子

纠错是帮助别人改正错误的一种方法，但纠错最忌讳的就是让他人无地自容，下不了台。因此，我们试图使别人改正错误时，最好使用一种委婉的方式，给对方留一些面子，这样才会取得较好的效果。否则，不但无法达到让他人改正错误的目的，还会有碍于你的人际关系。

在北京一家生物保健品公司的全体大会上，老总、股东和各部门负责人都在场。“以上就是关于咱们这次新推出的保健品的技术报告。”研发部的部门经理在做完报告后，颇为得意地环顾着四周。这份出色的报告赢来了所有人的掌声，老总也向经理投来了赞许的目光。经理补充道：“大家还有什么建议吗？不妨说出来大家交流一下。”

大家都听得出来，这只是经理的一句谦词，所以都没有说什么。这时研发部的新员工朱骏驰却站起来一本正经地说：“经理，您的报告好像有一个小问题。那个钾应该是人体的常量元素吧，您说成是微量元素了。”这时，所有的目光齐刷刷地聚集在了经理的身上。堂堂一个名牌医学院毕业的高材生，竟然会犯这样低级的错误，更何况是当着老总和全体同事的面。这时候

的经理恨不得找个洞钻进去，他竭力掩饰着自己的尴尬："噢，是吗？我记得我说的就是常量元素啊？小朱，你大概记错了吧？"朱骏驰没有看到经理尴尬的脸色，还是坚持说："经理，我真的没有记错，是您弄错了。"经理的脸色顿时难看至极。最后，还是老总说了句"这事儿还是会后讨论吧"，才结束了经理和朱骏驰之间的"学术讨论"。

不过这次以后，朱骏驰明显感觉到自己在部门中有些吃不开了。有了好的机会轮不上他，同事对他也都爱搭不理的。

纠错时，切忌用讽刺挖苦的言辞，因为这是一种轻视他人的态度，也是缺乏修养、没有风度的表现。有经验的沟通者，在纠错时会采用各种技巧讲道理，循循善诱。美国的罗宾森教授对这样的现象有着一针见血的理解："人有时会很自然地改变自己的看法，但是如果有人当众说他错了，他会恼火，更加固执己见，甚至会全心全意地去维护自己的看法。不是那种看法本身多么珍贵，而是他的自尊心受到了威胁。"

当我们想指责批评别人的时候，不妨委婉一点，点到为止，会说话的人在批评别人的时候，从来不会说出否定别人能力和人品的话。"你这人以后不会有多大出息""你这样做没有人敢用你""你实在不行"等，都列在了他们"禁说"的词典当中。说话的时候一定要记得给对方留面子，千万不要把批评当作发泄不满情绪的方式。善意的批评是为对方着想的，而不是纯粹表达自己的愤怒。被批评者在接受批评后，可能会产生两种截然不同的感受：一种是很快意识到对方是在为自己好，是善意的批评；另一种则是认为对方在发泄心中的不快，是恶意的批评。在这两种不同的感受之下，他们对批评的接受程度会完全不同。

白景文后来说："俗话说，成也萧何，败也萧何。我就败在我这张嘴上。"白景文曾是当地一家大型德资企业的高级白领，她的能力是有目共睹的，无论是工作能力，还是业务总量，都处于公司的一流水平，上司对她也极为肯定。短短两年，白景文就坐上了部门副经理的位置。

去年，公司提拔了一个没来多久的同事，一打听才知道原来那同事给老总送了礼。白景文生气极了，对方无论是资历还是能力和业绩都不如自己，公司只有这样一个名额，要提拔也应该提拔自己啊，要是送礼就可以高升，那我们还努力工作干吗呢，这不是给公司的全体员工树立一个坏榜样吗？于是，白景文气呼呼地跑到老总的办公室去质问，并与上司理论起来，得理不饶人。虽然老总那儿早已准备了一堆理由，还是被白景文质问得非常狼狈，就连在旁边整理文件的秘书都尴尬地退出了办公室。

从那以后，白景文发现老总对自己的态度有了180度大转变，总不给她好脸色看。白景文想不明白，自己能力这么强，老板做了错事还这么振振有词，这样的公司真是待不下去了，于是，一气之下就辞职了。

有失误并不代表十恶不赦，如果我们只是一味地指责对方，就等于是把对方其他的优点也一起抹杀了，这样一来，对方哪里还有改正错误的愿望？相反，如果我们采取合适的方式指出对方的问题，同时肯定他的优点，就能让犯错的人重新获得信心和希望，同时也保全了对方的面子，只要他是个明白事理的人，自然会意识到自己的错误。这样的“批评方式”比起一味指责要强得多。

6.提建议时，先别否定对方原来的想法

我们有时难免会对其他人说的话、做的事感到不满，针对这些，我们也常常会提出自己的意见。但是，有时候由于提出的意见太过直接、尖刻，甚至有诋毁对方的嫌疑，往往使对方感到恼火，不予接受。这个时候，若我们能站在对方的角度，提建议时先不否定对方原来的想法，从对方能接受的方面找突破口，就会发现有意想不到的效果。

“Oh！My God！What a terrible day！”放下手中的电话，穆薇薇抚额长叹，明明是王主编在看过自己上交的采访稿后就定下的文章，现在杂志即将印刷，主编却出尔反尔了。更可恨的是，刚才在电话中，王主编竟然大声质问她：“你竟然写出这样的文章？”穆薇薇觉得这篇采访稿很不错，完全没有被刷下来的必要。

穆薇薇心里窝足了火，倘若耽误了出版期，岂不是又要向自己兴师问罪了？于是，她气冲冲地跑进主编办公室，将稿子摊在王主编面前：“王主编，这都什么时候了，下午就下印刷厂了，稿子怎么能撤下来呢？”王主编惊讶地看着平时乖巧的穆薇薇，脸色变得十分阴沉。“你觉得这种稿子也能刊登？穆薇薇我越来越觉得你眼光有问题了！”“可是主编你明明前几天已

经审核过了。”“不用说了，这事我来处理吧。”主编挥挥手让穆薇薇出去了。

打那以后，敏感的穆薇薇觉得一向和蔼的主编对自己似乎冷淡了许多，很多重要的采访都不让自己做了，而是派给了另一个能力远不如自己的记者。穆薇薇觉得自己现在是“哑巴吃黄连，有苦说不出”，谁让自己冲撞了上司呢。

卡耐基说：“很多时候你在与别人争论时是赢不了的。要是输了，当然你就输了；如果赢了，你还是输了。”是的，当我们看到别人有失误时，如果我们抱住他们的失误，而不顾及他们的面子，只会让别人对你产生厌恶之感。

与其“恶语伤人”，还不如对其“好言相劝”，或者循循善诱，切不可在语气上压倒对方，除了在语气上缓和之外，还要注意场合，更要注意提意见的技巧。人都有三分薄面，所以，我们要尽量给别人留些面子。

尤其在上司面前，我们不能直指他们的错误，要在肯定的同时，把自己的建议呈上，语中之意是，你赞同上司的观点，只是如果在这个观点的基础上再加上一条，完善一下就更完美了。试想，有哪个上司不喜欢既有能力，又懂得尊重上司的下属？敢于直谏原本是好事，但如果方式不当，就很难得到上司的认同。比如，“经理，您刚才说的观点完全错误，我觉得事情应该这样处理……”或是，“经理，您的做法，我不敢苟同，我认为应该……”这样的语言，无疑等于把上司的想法或做法一棒子打死。不用说他是你的领导，就是一般的同事、朋友都是很难接受的。你让对方脸上挂不住，他自然对你心存芥蒂，你就是有再好的见解，被采纳的可能性也微乎其微。

在某公司的一次例行会议上，郝思睿对经理关于质量问题的处理不是很满意。在经理征求大家意见的时候，郝思睿说：“经理说得对，在产品质量方面，我们的确应当给予充分的重视，这是解决问题的前提之一。我认为，除此之外，我们还应当加强全体员工的质量意识。我观察到公司员工现在的质量意识并不强，工作中有疏忽大意的倾向，这股风气必须刹住，否则质量问题是很难得到彻底解决的。”

看到经理对他的话很感兴趣，郝思睿接着说道："我想，如果我们对各级员工都进行质量意识培训，员工看到公司上层如此重视，自然也就重视起来了。如果真能这么做的话，解决这个问题是不费吹灰之力的，公司也能以更快的速度发展。"

听了这番话，经理不断点头，采纳了郝思睿的意见，并对他这种敢于提意见的行为给予了肯定。

所以说，对于别人的过错，你要做的只能是温柔、含蓄地提出意见，这样才可能赢得别人的好感。若是提意见的对象是你的领导，那就要尽量做到简洁明了，这样比较容易接受。假如他不认同你的意见，也不会因为你浪费他过多的时间而表示厌烦。

向上司提意见时立即就能获得认可，那是最好不过了。不过，有的时候上司会很"顽固"，并不是那么好说服。毕竟员工和领导考虑问题的角度不同，上司需要考虑的是公司整体的利益和可能，是否接受你的意见他当然需要慎重考虑。这时，你就没必要再据理力争了，因为这并不能给你带来任何好处。即使到最后你能证明自己是对的，也是白费功夫。

7.识破别点破，面子上好过

在他人犯了错的时候，我们要学会含蓄地表达自己的意见，指出对方的问题，毕竟人人都希望自己在人前有面子。孔老夫子有句话说得好：“己所不欲，勿施于人。”我们自己也不希望犯错的时候被人无情刻薄地指出，让自己颜面尽失。

在上海一家著名的大酒店，一位客人吃完最后一道茶点，顺手把精美的景泰蓝食筷悄悄插入自己的西装内衣口袋里。服务生不动声色地迎上前去，双手擎着一只装有一双景泰蓝食筷的绸面小匣说：“我发现先生对我们的景泰蓝食筷颇有爱不释手之意，非常感谢您对这种精细工艺品的赏识。为了表达我们的感激之情，我代表酒店，将这双图案最为精美并且经严格消毒处理的景泰蓝食筷送给您，并按照大酒店的优惠价格记在您的账单上，您看好吗？”那位客人当然听出了这些话的弦外之音，取出内衣袋里的景泰蓝食筷放回餐桌上，接过服务生给他的小匣，不失风度地向收银台走去。

“得饶人处且饶人”，在自己占优势的情况下，放对方一马，他自然会心存感激。每个人都爱面子，这几乎是人之常情，不少人为了面子甚至可以做出常理之外的事。所以，我们在与人交往时，为自己争得面子的同时，也要注意尽可能地为对方挽回面子。

给别人留面子，实质上也是给自己留面子，给别人留余地，其实也是给自己留余地。看破不说破，让别人活得轻松，自己也活得安心，这就是给别人留余地、留面子的妙处，也是处世交往的良方。

在《非诚勿扰》中，一位高调显示拜金行为的女嘉宾为自己带来了无法估量的恶果。很多网友也曾质疑，乐嘉作为心理专家，应该对场上女嘉宾所表达出来的“扭曲价值观”有一个正确的引导。

对此，乐嘉解释称自己的引导是通过讽刺的方式表达出来的，“有的时候我可能会用一两句酸酸的话来刺她，这个已经足够表示了，因为大家都对这个东西很愤恨的时候，我没有必要在电视节目上说‘你这个王八蛋，怎么可以这么拜金，你这种人应该去死’，那我说这个话就有点过了，不太合适。在《非诚勿扰》这个节目上面允许发各种各样的声音，这是首先的第一条，第二我能够起到的作用是尽我所能引导这个过程当中场上出现的东西，因为有的时候我不出手还有一个很重要的原因，我希望大家理解，因为我很清楚地知道，不用我出手，自然而然会有其他的男嘉宾上来出手，我没有必要上来把人家的话抢了，只有当场上某些观点胶着到一定程度的时候，我必须旗帜鲜明地表达立场的时候，那我会出手的。”

要想提醒对方的错误而又不伤感情，甚至让对方感激你，最有效的方法，就是用鼓励代替批评。例如，如果我们对一个人说，他在某一件事情上显得很笨，很没天分，也不可能成功，那么他的“预言”一定会实现，因为我们的话等于毁了对方的进取心。不过，如果我们能够用相反的话鼓励他们，令事情看起来很容易做到，让对方知道，你对他做这件事的能力完全有信心。那么，他的才能也会真的像你说的那样发挥出来。

还有一个行之有效的方法就是：坦然并委婉地提醒其注意自己犯的错误，然后放手让他自己去反省并发现。委婉而坦然地提醒对方的过错，不仅能激励对方不断进步，还能够沟通双方的感情。生活中那些善于言辞的人在与人交流的过程中，很少轻易地去当面指责对方的错误，因为他们懂得怎样在合适的场合，用听起来更悦耳的话来劝说他人。

根据面对的对象、场合和时机不同，隐晦地顺着对方的心理需要灵活地机巧地暗示，说出有用又令对方舒心的话，就会获得友谊和支持。所以，在生活中，要学会看破不说破，选择隐忍、委婉地跟对方说话，这样对方才更容易接受诱导，这才是一种谈话的大智慧。

8.不轻易说“你错了”

在人际交往中，“你错了”三个字，拥有超强的破坏力。它通常不只会带来一场不快、一场争吵，甚至能使朋友变成对手。这是因为，每个人都有固执己见的毛病，还或多或少有武断、嫉妒、猜忌和傲慢等缺点，所以很难向别人承认自己错了。有时候，即使明知有错，也决不会轻易认错。因此，当你对一个人说“你错了”时，必然会撞在他固执的墙上。

二战刚结束时，卡耐基担任一位爵士的私人经纪人。有一天晚上，爵士邀请他参加了一场宴会。宴会中，坐在卡耐基右面的先生讲了一段幽默的故事，并引用了一句话。那位健谈的先生说他所引证的这句话出自《圣经》。这明显是错误的，卡耐基当场纠正了他。但那位先生立即予以回击，反唇相讥道：“什么？出自莎士比亚？不可能，绝对不可能，那句话出自《圣经》。”当时在场的宾客中有一位名叫法兰克•葛孟的人，他研究莎士比亚的作品已经很多年了，同时，他也是卡耐基的朋友。于是，卡耐基便与那位先生约定，向法兰克请教。出乎卡耐基意料的是，法兰克竟然说：“戴尔，你错了，这位先生是对的，这句话出自《圣经》。”

在回家的路上，卡耐基气哼哼地对法兰克说："法兰克，你明知道那句话是出自莎士比亚的！""是的，当然，"他回答道："《哈姆雷特》第五幕第二场。可是亲爱的戴尔，我们是宴会上的客人，为什么要证明他错了呢？那样会使他喜欢你吗？为什么不给他点面子呢？他并没有征询你的意见嘛。"

发现对方犯了错，不会说话的人常常喜欢直言，毫无顾忌地说："你错了。"而聪明人则懂得给人留面子。当你的观点与别人发生冲突的时候，不要着急说自己是正确的。人的思维不可能是绝对全面的，总有一些客观或主观的原因让你有所忽略。所以，即便你有确凿的证据证明自己是对的，也不要企图引起争论，而是要欢迎不同的意见，并表示感谢。

四千年前，古埃及阿克图国王在一次酒宴中对他的儿子说："圆滑一点。它可使你予求予取。"换句话说，就是不要对别人的错误过于敏感，不要执着于所谓正确的意见，不要轻易刺激任何人。即便对方真的错了，你必须让他承认并纠正他的错误，也应该回避"你错了"或类似尖锐的字眼。可以采用"你说的没错，不过""我也许不对""我常常会弄错"这一类句子，往往会收到神奇的效果。如果你当面指责对方，对方就有可能对你产生抵触情绪，从而把事情搞得更糟。所以，与其直截了当地说"你错了"，不如委婉一些、温柔一点，这样才不会伤了彼此之间的和气。

有一天，查尔斯·史考伯经过自己的钢铁厂的时候，撞见几个工人正围在一起一边抽烟一边聊天。显然，他们忘记了公司禁止吸烟的明文规定，或者像很多犯错误的人一样存在着侥幸心理。按常理讲，史考伯先生应该把他们揪出来，然后狠狠地批评他们，或者把那块"禁止吸烟"的牌子指给他们看，质问他们："你没看见吗？"不过，那样做只会让对方感到难堪，并且对史考伯产生怨恨。

只见史考伯不动声色地走上前去，笑容和蔼地发给他们每个人一支雪茄，并对他们说："走，我们到外面抽去。"这些工人当然不会跟着史考伯一起出去抽烟，而是对他说："你看，我们忘记公司禁止吸烟的规定了。请你原谅。”然后他们就迅速回到自己的工作岗位上去了。当然，我们能够体会到他们心里那种复杂的感觉：既为犯了错误而自责，又为没有受到惩罚或指责而感到庆幸，同时也对史考伯先生越发尊敬。

人都是自尊的动物，都会不自觉地去维护自己的意见和看法。因此，几乎没有人在听见“你错了”三个字时仍能保持平静。很多人会因为别人的指责而闷闷不乐，冲动的人甚至会当即暴跳如雷、反唇相讥。

罗宾森教授在他的《下决心的过程》中曾有这样一段描述：“我们有时会在毫无抗拒或热情淹没的情形下改变自己的想法，但是，如果有人说我们错了，反而会使我们迁怒对方，更固执己见。我们会毫无根据地形成自己的想法，但如果有人不同意我们的想法时，反而会全心全意维护我们的想法。显然不是那些想法对我们珍贵，而是我们的自尊心受到了威胁……我们愿意继续相信以往相信的事，而如果我们所相信的事遭到了怀疑，我们就会找尽借口为自己的信念辩护。”

因此，我们应该尽量少说“你错了”，如果对方存在问题，也一定可以找到其他巧妙的办法让他认识到这一点。想让别人同意你而放弃自己的观点，温和巧妙的言辞远比直来直去聪明得多，也有效得多。